Guia para educação ambiental em
Costões rochosos

G943 Guia para educação ambiental em costões rochosos /
organizadores, Natalia Pirani Ghilardi-Lopes, Valéria Flora
Hadel, Flávio Berchez. – Porto Alegre : Artmed, 2012.
200 p. : il. color. ; 23 cm.

ISBN 978-85-363-2750-1

1. Educação ambiental. 2. Costões rochosos. I. Ghilardi-Lopes,
Natalia Pirani.

CDU 37:502(036)

Catalogação na publicação: Fernanda B. Handke dos Santos – CRB 10/2107

Guia para educação ambiental em
Costões rochosos

**Natalia Pirani Ghilardi-Lopes
Valéria Flora Hadel
Flávio Berchez**

Organizadores

2012

© Artmed Editora Ltda., 2012

Capa: Estúdio Sem Dublê
Foto de capa: ©Shutterstock.com/ostill: Lopes Mendes beach in the beautiful island of Ilha Grande near Rio de Janeiro in Brazil
Preparação de originais: Mariana de Viveiros
Leitura final: Carina de Lima Carvalho e Jean Xavier
Coordenadora editorial: Juliana Lopes Bernardino
Gerente editorial – Biociências: Letícia Bispo de Lima
Projeto gráfico e editoração: Estúdio Sem Dublê
Ilustrações: Thomas Rose

Reservados todos os direitos de publicação à
ARTMED EDITORA LTDA., uma empresa do GRUPO A EDUCAÇÃO S.A.
Av. Jerônimo de Ornelas, 670 – Santana
90040-340 – Porto Alegre – RS
Fone: (51) 3027-7000 Fax: (51) 3027-7070

É proibida a duplicação ou reprodução deste volume, no todo ou em parte, sob quaisquer formas ou por quaisquer meios (eletrônico, mecânico, gravação, fotocópia, distribuição na Web e outros), sem permissão expressa da Editora.

SÃO PAULO
Av. Embaixador Macedo Soares, 10.735 – Pavilhão 5
Cond. Espace Center – Vila Anastácio
05095-035 – São Paulo – SP
Fone: (11) 3665-1100 Fax: (11) 3667-1333

SAC 0800 703-3444 – www.grupoa.com.br

IMPRESSO NO BRASIL
PRINTED IN BRAZIL

autores

Natalia Pirani Ghilardi-Lopes – Bacharel e licenciada em Ciências Biológicas pela Universidade de São Paulo (USP). Professora adjunta na Universidade Federal do ABC (UFABC). Doutora em Botânica pela USP. Pesquisadora nas áreas de Ecologia de Comunidades de Costões Rochosos e de Educação Ambiental Marinha e Costeira.

Valéria Flora Hadel – Professora do Centro de Biologia Marinha (Cebimar) da USP. Mestre em Ecologia pela USP. Doutora em Zoologia pela USP.

Flávio Berchez – Doutor em Ciências Biológicas pelo Instituto de Biociências da USP.

Guilherme H. Pereira-Filho – Professor do Departamento de Botânica da Universidade Federal Rural do Rio de Janeiro (UFRRJ). Doutor em Botânica pela USP. Pós-doutor em Ecologia de Algas Marinhas Bentônicas pela Escola Nacional de Botânica Tropical do Jardim Botânico do Rio de Janeiro (ENBT/JBRJ).

Gustavo Muniz Dias – Professor adjunto da UFABC.

Henrique Lauand Ribeiro – Mestre em Ciências pelo Departamento de Botânica do Instituto de Biociências da USP.

Leticia Spelta – Graduada em Ciências Biológicas pela USP.

Marcos S. Buckeridge – Graduado em Ciências Biológicas pela Universidade de Guarulhos (UNG). Professor associado de Fisiologia Vegetal do Departamento de Botânica da USP. Pesquisador nas áreas de Respostas de Plantas às Mudanças Climáticas Globais e de Bioenergia. Mestre em Biologia Molecular pela Universidade Federal de São Paulo (Unifesp). PhD em Plant Biochemistry pela University of Stirling, Escócia.

Melisa Miyasaka Sakamoto Hsu – Professora doutora em Farmacologia Marinha pela USP.

Peterson Lásaro Lopes – Professor da Rede Privada de Ensino. Mestre em Ciências e Doutor em Zoologia pela USP.

apresentação

O planeta Terra é, de fato, o planeta Oceano. As águas marinhas ocupam a maior parte do território de nosso planeta, e delas retiramos praticamente tudo para nossa sobrevivência. Por exemplo, a maior de suas contribuições é o oxigênio que respiramos, oriundo essencialmente das microalgas que ocupam os litorais das terras emersas e daquelas que ocorrem em corpos d'água continentais ainda limpos. Além disso, os organismos que vivem nos mares são matéria-prima principalmente para nossa alimentação e medicamentos, dentre outras contribuições. No entanto, o conhecimento público e mesmo entre cientistas não especializados no mar é ainda deficiente. Basicamente, se conhece aquilo que é passível de exploração (de modo insustentável) no mar, mas muito pouco acerca de como aproveitar de modo sustentável os recursos marinhos.

A Educação Ambientaal Marinha e Costeira (EAMC) insurge nesse contexto de expropriação dos mares, não só no Brasil como em outros países. Presume-se que algumas iniciativas de EAMC estejam se desenvolvendo ao longo do litoral brasileiro, porém poucas delas são divulgadas cientificamente. Uma das iniciativas mais louváveis difundidas é o Projeto Trilha Subaquática (Projeto TrilhaSub), desenvolvido no escopo do Projeto Ecossistemas Costeiros do Departamento de Botânica do Instituto de Biociências da Universidade de São Paulo (USP). Duas sínteses das emblemáticas atividades do TrilhaSub foram descritas por Berchez e colaboradores em 2007* e por Ghilardi e Berchez em 2010**, nas quais sete modelos de EAMC são apresentados com detalhes metodológicos. Em 2008, eu e alguns colegas realizamos uma avaliação mostrando resultados eficazes desses modelos.

Recentemente cartografei as iniciativas de EAMC na obra intitulada *Educação ambiental marinha e costeira no Brasil: aportes para uma síntese*.*** Pode-se caracterizar essas atividades de várias maneiras, porém a maneira que foi apresentada sugere que haja quatro possibilidades: a) por diferentes públicos; b) por organismos ícones ou

---

*Berchez F, Ghilardi NP, Robim M de J, Pedrini AG, Habel VF, Fluckiger G, et al. Projeto Trilha Subaquática: sugestão de diretrizes para a criação de modelos de educação ambiental em unidades de conservação ligadas a ecossistemas marinhos. OLAM: Ciência & Tecnologia. 2007;7(3):181-208.
**Ghilardi NP, Berchez F. Projeto Trilha Subaquática: modelos de educação ambiental marinha. In: Pedrini A de G, organizador. Educação ambiental marinha e costeira no Brasil. Rio de Janeiro: UERJ; 2010. p. 71-92.
***Pedrini AG. Educação ambiental marinha e costeira no Brasil: aportes para uma síntese. In: Pedrini A de G, organizador. Educação ambiental marinha e costeira no Brasil. Rio de Janeiro: UERJ; 2010. p. 19-32.

bandeiras; c) por ecossistemas; e d) por simulacros da natureza. Podem ser caracterizadas, ainda, como de base científica ou comunitária – à primeira adere esta obra.

Este livro reúne cientistas marinhos capitaneados pelos professores Flávio Berchez e Valéria Flora Hadel, da USP, e Natalia Pirani Ghilardi-Lopes, da Universidade Federal do ABC (UFABC). É um esforço de publicação de conteúdos há mais de dez anos aplicados e devidamente atualizados como apoio pedagógico nos cursos e disciplinas ministrados pelos autores.

Trata-se de uma obra ímpar, por seu caráter detalhado e rico em figuras sobre o ecossistema costeiro marinho da Região Sudeste do Brasil. Destaca-se de outros títulos, também, pelo ineditismo da abordagem, feita no cerne da educação ambiental e não só na busca da popularização do conhecimento científico marinho brasileiro.

Desse modo, convido o leitor a conhecer esta importante obra coletiva.

Alexandre de Gusmão Pedrini
Professor adjunto da
Universidade do Estado do Rio de Janeiro (UERJ)

prefácio

O objetivo deste guia é apoiar atividades de educação ambiental no ecossistema de costão rochoso, tão pouco conhecido pela maioria das pessoas. O livro foi escrito para estudantes de graduação em biologia ou áreas afins, professores, monitores e funcionários de unidades de conservação costeiras e marinhas e demais interessados. Alunos do Ensino Médio também podem se beneficiar do seu conteúdo.

A confecção do guia visou, ainda, sanar a falta de uma obra que fosse abrangente e ao mesmo tempo prática na abordagem do tema. Não é seu intuito, portanto, aprofundar-se a ponto de esgotar algum dos assuntos tratados; também por isso são citados, após o texto, livros, artigos científicos e sites que certamente contêm outras informações de interesse. Há que se ressaltar a linguagem simples e clara utilizada, bem como o destaque dado às palavras menos usuais e os seus significados constantes do glossário.

Os organismos mais comumente encontrados nos costões rochosos brasileiros receberam ênfase em suas curiosidades e caracterização, dentro de cada grupo abordado, quanto à morfologia e ao ambiente de ocorrência.

Um diferencial da obra é a descrição de atividades de educação ambiental, que podem ser desenvolvidas tendo como base curiosidades acerca de variados organismos e todo o conhecimento fornecido ao longo dos capítulos. Tais atividades são apenas sugestões, que podem e devem ser adaptadas para cada local de implantação de acordo com suas características e público-alvo.

No primeiro capítulo há uma visão geral sobre os ecossistemas de substrato consolidado, entre os quais o costão rochoso. Em seguida, são abordadas a origem e a evolução dos grandes grupos de organismos marinhos (Cap. 2) e detalhados aqueles que habitam o costão – invertebrados e algas (Caps. 3 a 13); os impactos locais e globais que o afetam (Cap. 14); a educação ambiental neste ambiente (Cap. 15); e os principais acidentes causados por invertebrados que nele vivem (Cap. 16).

Os organizadores

sumário

Parte I
Temas introdutórios

1. Os ecossistemas de substrato consolidado 15
   Natalia Pirani Ghilardi-Lopes e Flávio Berchez

2. O berço da vida 23
   Peterson Lásaro Lopes

Parte II
Macroalgas

3. Clorófitas (algas verdes) 29
   Henrique Lauand Ribeiro

4. Feofíceas (algas pardas) 39
   Guilherme H. Pereira-Filho

5. Rodófitas (algas vermelhas) 53
   Flávio Berchez

Parte III
Grupos animais

6. Poríferos (esponjas-do-mar) 71
   Natalia Pirani Ghilardi-Lopes

7. Cnidários (hidras, medusas, anêmonas e corais) 81
   Leticia Spelta

8. Moluscos (ostras, mexilhões, caramujos, polvos e lulas) 95
   Leticia Spelta

9. Poliquetas (vermes tubícolas, vermes-de-areia, vermes-de-escamas, vermes-gato, etc.)..109
Peterson Lásaro Lopes

10. Crustáceos (camarões, lagostas, siris, caranguejos, cracas, etc.).......115
Valéria Flora Hadel

11. Briozoários ou ectoproctos (animais-musgo)...127
Henrique Lauand Ribeiro

12. Equinodermes (estrelas-do-mar, lírios-do-mar, ouriços, pepinos e ofiuroides)..135
Valéria Flora Hadel

13. Tunicados (ascídias)..147
Guilherme H. Pereira-Filho e Gustavo Muniz Dias

Parte IV
Educação ambiental

14. Impactos das atividades humanas sobre a biodiversidade marinha......157
Flávio Berchez e Marcos S. Buckeridge

15. A educação ambiental nos ecossistemas marinhos............................161
Flávio Berchez, Natalia Pirani Ghilardi-Lopes e Valéria Flora Hadel

16. Acidentes com invertebrados marinhos..169
Melisa Miyasaka Sakamoto Hsu

Glossário..177

Índice..195

parte
I Temas introdutórios

1 os ecossistemas de substrato consolidado

NATALIA PIRANI GHILARDI-LOPES
FLÁVIO BERCHEZ

Diversos organismos marinhos, **sésseis** ou **vágeis**, vivem associados ao substrato, recebendo a denominação de **bentônicos**. As comunidades desses organismos marinhos bentônicos podem ser divididas nas de fundos arenolodosos, não consolidados, sobre os quais poucos organismos conseguem se fixar, e nas de fundos consolidados de origem geológica ou biológica. Nessa última categoria podem ser destacados os costões rochosos, os recifes de arenitos, os recifes de corais e os bancos de algas calcárias (Fig. 1.1). O conjunto dessas formações ocorre ao longo de toda a costa do Brasil, ocupando vastas extensões costeiras e grande parte de nossa **plataforma continental**.

Os costões rochosos são ecossistemas costeiros sujeitos à influência dos processos marinhos e terrestres. São formados por **rochas ígneas**, como o granito e o basalto, e **metamórficas**, como o gnaisse. Os costões rochosos graníticos e gnáissicos ocorrem desde o norte do Estado do Rio Grande do Sul até o Estado do Maranhão, com maior extensão na Região Sudeste, onde o litoral apresenta-se bastante recortado e a Serra do Mar aproxima-se da linha de costa. No entanto, a partir do norte do Estado do Rio de Janeiro tornam-se menos extensos e frequentes. Podem formar paredões contínuos ou blocos fragmentados. Quando fragmentados, oferecem uma grande variedade de ambientes que podem ser ocupados por organismos adaptados às diversas condições ambientais resultantes, levando a uma maior diversidade biológica. Em geral, os costões estendem-se pouco em direção ao mar, pois apresentam declividade acentuada e logo entram em contato com o fundo, que pode ser formado por substrato inconsolidado ou consolidado de natureza calcária. Na margem dos continentes apresentam profundidade máxima normalmente ao redor de 10 a 15 m, ao passo que, nas ilhas, podem ser mais profundos.

---

*N. de E.:
Todas as palavras destacadas em negrito têm seu significado explicado no Glossário da página 177.

Os ecossistemas de recifes de arenito abrigam as comunidades presentes sobre **rochas sedimentares** que acompanham as planícies costeiras desde o litoral do Estado do Espírito Santo até a região nordeste do país. Ocorrem junto à praia ou formam barreiras paralelas à linha de costa, a certa distância mar adentro. Em algumas regiões do Brasil os arenitos apresentam coloração avermelhada por causa da presença de **cimento** ferruginoso, e são denominados arenitos ferruginosos. Formam um substrato bastante erodido e apresentam inúmeras fendas e **locas** que, como nos costões rochosos, resultam em alta diversidade de microhábitats e, consequentemente, de seres vivos que os ocupam. Em virtude de sua posição e declividade, a face voltada para o mar aberto é sujeita à ação do intenso **hidrodinamismo** causado pelas correntes e ondas, ao passo que a face voltada para a terra é protegida, sofrendo principalmente a ação dos ventos e a abrasão por sedimentos. Atingem profundidades semelhantes às dos costões graníticos e gnáissicos, mas normalmente estendem-se em direção ao mar aberto por distâncias maiores.

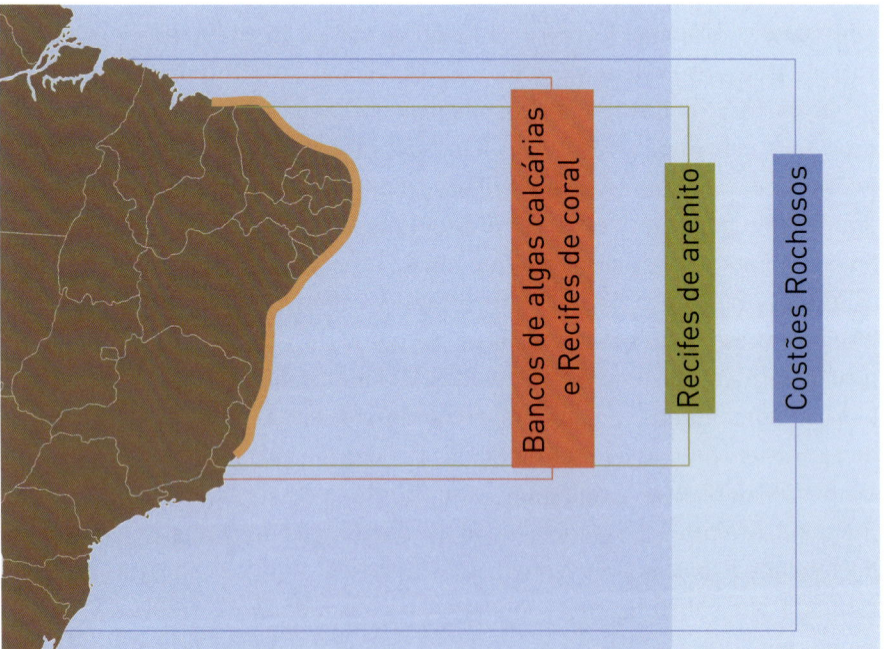

Figura 1.1 Distribuição geográfica dos ecossistemas de substrato consolidado da costa brasileira.

Os ecossistemas de recifes de coral são estruturas calcárias de origem biológica constituídas pelos esqueletos calcários dos corais e por algas calcárias **crostosas**. Essas algas precipitam uma matriz de carbonatos em suas paredes celulares e, em muitos casos, são os principais organismos responsáveis pela estruturação dos recifes coralinos brasileiros. Por isso, muitos autores argumentam que esses ecossistemas deveriam ser denominados "recifes algais" e não "recifes de corais".

Assim como os recifes de arenito e os costões, os recifes coralinos são utilizados como suporte e abrigo por inúmeros organismos, apresentando, assim, alta biodiversidade. Tais formações distribuem-se em vários pontos da costa brasileira, especialmente na Região Nordeste, na forma de manchas ou cordões interrompidos, e sua distribuição é mais restrita latitudinalmente do que os costões de rochas ígneas ou metamórficas. Apesar de atingirem profundidades um pouco maiores do que a média dos costões rochosos, são limitados pela penetração da **radiação fotossinteticamente ativa** na água do mar. É dessa faixa do espectro da radiação solar que dependem as zooxantelas, algas microscópicas associadas aos corais, essenciais para a sua sobrevivência. Embora dependam da movimentação da água para a obtenção de oxigênio e alimento, muitos organismos recifais são sensíveis ao alto hidrodinamismo, quebrando-se com facilidade. Outro fator relevante para a distribuição dos recifes é a temperatura da água, importante na regulação das reações químicas envolvidas na formação do esqueleto calcário dos corais e na formação da parede calcificada das algas. Como resultado, os recifes só existem em regiões de águas limpas, calmas e quentes. O Banco de Abrolhos, localizado no sul do Estado da Bahia, é o maior complexo recifal do Atlântico Sul, ocupando uma área de 266 milhas náuticas quadradas.

Finalmente, temos os ecossistemas de bancos de algas calcárias, resultantes do crescimento de algas crostosas da família *Corallinaceae*, que formam incrustações calcárias laminares, nódulos ou blocos de diferentes tamanhos. Os nódulos, conhecidos como **rodolitos**, são avermelhados e semelhantes a pequenos blocos de pedra ou de coral. Aparecem geralmente sobre substrato não consolidado, constituído por cascalho calcário resultante de sua própria fragmentação. São utilizados como substrato por uma grande diversidade de organismos, incluindo algas **foliáceas** e **carnosas** e vários grupos de invertebrados que vivem na sua superfície ou no interior de suas cavidades. À semelhança dos recifes de coral, também são formações calcárias de origem biológica. Entre outros aspectos, os substratos formados por algas calcárias diferem dos rochosos por apresentarem gradientes de declividade mais amenos e por se estenderem até profundidades maiores. Dessa forma, não apresentam faixas dominadas por um determinado organismo, mas sim um complexo mosaico de espécies diferentes vivendo lado a lado. Esse ecossistema, ainda pouco estudado no Brasil, ocupa vastas áreas da plataforma continental e estende-se desde o limite inferior das marés mais baixas até cerca de 100 m de profundidade. É encontrado, com algumas descontinuidades, desde o litoral norte do Estado do Rio de Janeiro até o Estado do Maranhão, embora manchas isoladas ocorram também no litoral do Estado de Santa Catarina.

Todos os ecossistemas costeiros sofrem a influência das marés, fenômeno que resulta da atração gravitacional exercida pela Lua sobre a Terra e, em menor escala, da atração do Sol sobre a Terra. A resultante dessas forças gravitacionais deforma as massas d'água do planeta, ocasionando uma alteração temporária no nível do mar.

De acordo com a Lei da Gravitação Universal, elaborada pelo físico inglês Isaac Newton em 1687, a matéria atrai a matéria na razão direta das massas e na razão inversa do quadrado da distância entre elas. Essa lei pode ser expressa pela fórmula $F \alpha G \times \dfrac{M_1 \times M_2}{d^2}$, na qual "F" é a força de atração gravitacional, "M_1" e "M_2" são as massas dos corpos envolvidos, "d" é a distância entre eles e "G" é a constante gravitacional, um valor fixo utilizado para ajustar as unidades de medida na equação.

A massa do Sol é 332.946 vezes maior do que a da Terra, ao passo que a massa da Lua é apenas 0,012 vezes a da Terra. Mas, apesar de a massa do Sol ser tão maior do que a da Lua, temos de levar em consideração sua posição em relação ao nosso planeta. A Lua está a cerca de 384.404 quilômetros da Terra, enquanto o Sol está a 149.597.870 quilômetros de nós. Como o valor da distância é elevado ao quadrado no denominador da fórmula, a força gravitacional do Sol acaba sendo apenas um terço daquela exercida pela Lua.

Outro vetor envolvido no fenômeno das marés é o da aceleração centrífuga, gerada pela rotação do sistema Terra-Lua. Ela se faz sentir sobre toda a superfície do planeta e pode somar-se ou competir com as forças gravitacionais.

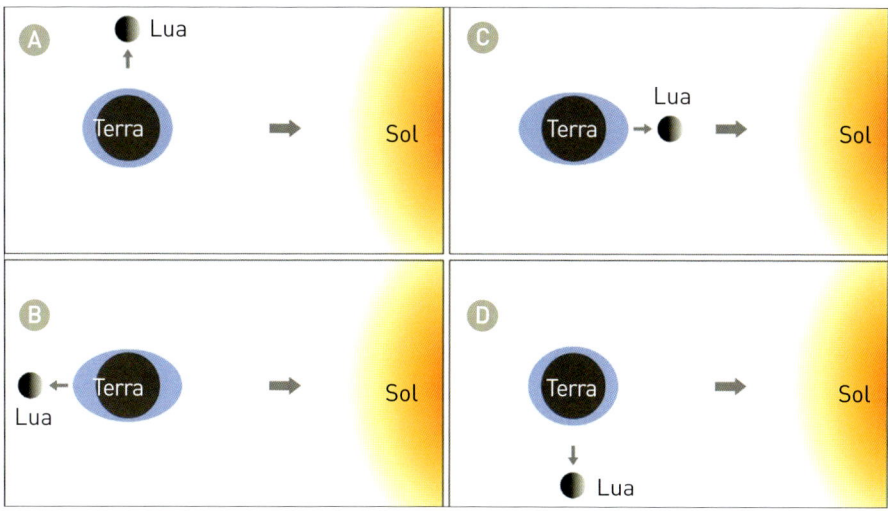

Figura 1.2 – Representação das marés:
Ⓐ Lua crescente (maré de quadratura);
Ⓑ Lua cheia (maré de sizígia);
Ⓒ Lua nova (maré de sizígia);
Ⓓ Lua minguante (maré de quadratura).
A região azul indica a altura relativa da maré decorrente da atração gravitacional pela Lua e pelo Sol.

Quando a Lua e o Sol estão alinhados com a Terra, ou seja, nas fases de Lua nova e Lua cheia, os vetores de atração gravitacional e os da aceleração centrífuga são somados, resultando em marés de grande amplitude, denominadas marés de **sizígia**. Na Lua nova, o Sol e a Lua estão posicionados no mesmo lado da Terra, e as forças gravitacionais de ambos somam-se à aceleração centrífuga. No lado oposto, a aceleração centrífuga age praticamente sem a interferência das forças gravitacionais do Sol ou da Lua, gerando, por sua vez, outra onda de maré alta. Assim, temos duas marés altas, uma na face da Terra voltada para o Sol e para a Lua, e outra na face oposta. Nas regiões intermediárias do planeta, observam-se duas marés baixas.

Na Lua Cheia, a Terra tem uma das faces voltada para o Sol e a face oposta para a Lua. Os três corpos continuam alinhados, mas, nesse caso, a força gravitacional da Lua alia-se à aceleração centrífuga para gerar uma maré alta em um dos lados do planeta, enquanto a força gravitacional do Sol soma-se à aceleração centrífuga para gerar outra maré alta na face oposta. Nas regiões intermediárias observam-se as marés baixas daquele período.

Nas fases dos quartos crescente e minguante, quando a Terra, o Sol e a Lua não estão alinhados, observam-se marés menos amplas, ou seja, o nível das marés mais altas do dia não difere muito do nível das mais baixas. Estas são denominadas marés de **quadratura**, pois a Terra, a Lua e o Sol configuram-se como os vértices de um triângulo retângulo, com as forças gravitacionais competindo entre si e enfraquecendo umas às outras (Fig. 1.2).

Conforme a Terra gira em torno de seu eixo no movimento de rotação, as regiões em que ocorrem as marés altas e baixas vão se alterando ao longo do dia. Dependendo da latitude e da geografia do local, podem ocorrer duas marés altas e duas baixas em um período de 24 horas, as quais são denominadas semidiurnas. Em alguns pontos do planeta, porém, principalmente próximo ao Equador, ocorrem apenas uma maré alta e uma baixa por dia, as quais são denominadas diurnas.

Se a Terra fosse totalmente coberta por água, a altura máxima da maré seria igual a 1 m, mas como o planeta possui várias massas de terra emersas e submersas, as barreiras resultantes da distribuição dos continentes e das montanhas submarinas contribuem para que a altura e o horário de ocorrência das marés variem de um local para outro. Em algumas baías e estuários, as marés chegam a atingir 10 m de altura. No Brasil, as variações ficam em torno de 1,5 m no Estado de São Paulo, chegando a 8 m no Maranhão. Por causa da influência das marés, os costões rochosos podem ser divididos em três compartimentos ou faixas: o supralitoral, que não fica submerso, mesmo durante as marés mais altas, recebendo apenas respingos de água do batimento das ondas; o **mediolitoral**, que fica submerso nas marés altas e emerso nas baixas; e o **infralitoral**, que fica submerso mesmo nas marés mais baixas. Em determinadas épocas do ano, quando as forças gravitacionais do Sol e da Lua são mais intensas, marés excepcionalmente altas e baixas podem descobrir parte do infralitoral ou cobrir parte do supralitoral.

Uma das características mais marcantes dos costões rochosos em todo o mundo é a distribuição dos organismos em faixas horizontais, por vezes bem definidas. Esse fenômeno é denominado **zonação** e está relacionado às adaptações dos organismos em relação aos fatores abióticos do ecossistema, como temperatura, **irradiância**, regime de marés, hidrodinamismo, salinidade, tipo de substrato, entre outros. A zonação também é determinada por fatores bióticos, relacionados às interações entre os organismos, como competição, predação, mutualismo, comensalismo e parasitismo. A amplitude dessas faixas depende da inclinação do substrato em relação ao nível do mar.

Dependendo do hidrodinamismo e da amplitude das marés locais, costões mais íngremes apresentarão faixas mais estreitas, pois a água não conseguirá atingir os pontos mais altos das rochas. Por outro lado, os costões mais planos apresentarão faixas mais largas, pois neles a água atingirá distâncias maiores costão acima.

Como a diversidade de organismos é muito alta nos costões rochosos, a competição pelo substrato disponível é intensa, sendo difícil encontrar espaços vazios no médio e no infralitoral. No supralitoral, apenas os organismos com alta tolerância à dessecação, como os pequenos moluscos conhecidos como litorinas, são capazes de sobreviver e, por isso, essa é uma região com menor densidade e diversidade biológica. Já no mediolitoral, os organismos que ocupam as faixas mais elevadas permanecem por mais tempo expostos ao ar, sofrendo a ação do vento, da chuva e da variação térmica diária, ao passo que os que ocupam as faixas mais próximas à linha d'água permanecem submersos por mais tempo, sofrendo menos estresse desses fatores abióticos. Entre os organismos sésseis mais característicos dessa faixa estão as cracas, os mexilhões e as ostras, todos adaptados a uma eficiente fixação ao substrato, resistindo, assim, ao embate das ondas. Finalmente, no infralitoral um fator importante na delimitação das zonas é a profundidade de penetração da **radiação** solar, necessária para a realização da **fotossíntese** pelas algas e pelas zooxantelas associadas aos corais. Conforme a profundidade aumenta, a radiação do Sol é atenuada, sendo que os comprimentos de onda equivalentes ao vermelho, laranja e amarelo desaparecem nos primeiros metros. Dependendo da quantidade de sedimento em suspensão na água, a radiação do Sol pode atenuar-se rapidamente e as algas se distribuirão de acordo com a capacidade de utilizar os diferentes comprimentos de onda. Já para os animais, os principais fatores limitantes são a pressão da coluna d'água, a temperatura e a disponibilidade de alimento.

Os substratos consolidados em uma área tão extensa do nosso litoral têm grande importância ecológica e econômica. Alguns organismos possuem importância econômica direta, como crustáceos (lagostas, siris, caranguejos e camarões) e moluscos (ostras e mexilhões), utilizados como fonte de proteína na alimentação humana. Outros apresentam importância econômica indireta, produzindo substâncias utilizadas na indústria química, farmacêutica e alimentícia, ou então atuam como atrativo para atividades recreativas e educativas, como ecoturismo, mergulho e estudos de meio.

Conhecer a importância desses ecossistemas é fundamental para que eles possam ser adequadamente conservados. O Brasil possui um histórico preocupante de exploração predatória dos organismos dos ecossistemas de substrato consolidado. Como exemplo, podemos citar os bancos de algas de Maracajaú, no Estado do Rio Grande do Norte, que foram dizimados pela coleta predatória e não planejada. Impactos ambientais como esse podem ser evitados divulgando-se informações mais precisas sobre a biologia dos organismos de interesse comercial. Por meio de pesquisas sobre a época de reprodução e o tempo necessário para que determinado organismo atinja o tamanho adequado para a exploração comercial, será possível explorá-lo de maneira consciente e responsável. Os resultados dessas pesquisas possibilitam, ainda, a produção de larvas de animais ou esporos de algas em laboratório para posterior cultivo em fazendas marinhas, utilizando estruturas como tanques, balsas e gaiolas. Esse tipo de estratégia é denominada "manejo de bancos naturais" e viabiliza a implantação de empreendimentos de maricultura, que visam à exploração comercial planejada desses organismos.

Seja qual for a forma de exploração, o que deve ser enfatizado é que muitos organismos de substrato consolidado estão correndo um sério risco de extinção, e somente utilizando alternativas sustentáveis de exploração poderemos desfrutar dos recursos marinhos minimizando a possibilidade de desequilíbrios ambientais e consequente ameaça a outras espécies, garantindo que estejam aqui para as gerações futuras.

É importante ressaltar que conhecemos hoje muito pouco sobre as comunidades bentônicas de substrato consolidado no Brasil, e a única maneira de mudarmos esse panorama é por meio do incentivo aos estudos científicos e da educação, principalmente das crianças, que entenderão a importância desses ecossistemas e futuramente atuarão como agentes para a sua conservação.

2 o berço da vida

Peterson Lásaro Lopes

A importância da vida marinha nos remete à importância da vida como um todo e à sua origem. Quase de forma consensual, os cientistas aceitam que a vida (já complexa, contando com aparatos de manutenção, isolamento e reprodução) deve ter se originado em oceanos primitivos há mais de 3,5 bilhões de anos, embora o modo como isso possa ter ocorrido ainda não esteja claro. Os indícios usados nesse processo de inferência são majoritariamente paleontológicos, físico-químicos e biológicos, mas até simulações eletrônicas têm sido feitas para explicar e entender alguns aspectos do processo.

Após terem surgido (possivelmente uma única vez — o que faz que toda a vida descenda desse primeiro micróbio), essas formas primitivas de vida começaram a sofrer mudanças (mutações) ao longo das gerações e passaram a interagir entre si e com o meio. Esses processos **proto**ecológicos e protoevolutivos moldaram e influenciaram definitivamente os rumos da vida. É como se as infinitas possibilidades a partir do arcabouço inicial (um **coacervato** biológico) fossem moldadas, restringidas e selecionadas por forças ecológicas, geográficas e genéticas. O que se descreve na sequência, de forma bastante resumida, são as hipóteses científicas mais difundidas para explicar como a vida evoluiu.

A primeira estratégia metabólica para a obtenção de energia na Terra foi a **fermentação**. Com isso, ao longo de milhões de anos, foi havendo acúmulo de gás carbônico (CO_2) atmosférico e diminuição de recursos energéticos. Dessa forma, abriram-se inexplorados **nichos** ecológicos que, associados a isolamentos reprodutivos, acolheram novas espécies capazes de realizar fotossíntese ou **quimiossíntese**. Os seres fotossintetizantes, **autotróficos**, foram responsáveis pela utilização de parte do CO_2 atmosférico, ao mesmo tempo que produziam O_2. Com o aporte de substância oxidante (o O_2) e transcorridos mais alguns milhões de anos, a competição por recursos impulsionou a seleção de um novo tipo metabólico **heterotrófico** (mais eficiente): a **respiração**.

A seleção natural continuou atuando, não necessariamente extinguindo as formas antigas, mas proporcionando às novas a exploração mais eficiente do meio e a ocupação de novos nichos. Dessa maneira, os primeiros mutantes **eucariontes** – que apareceram há mais de 1,5 bilhão de anos – possuíam adaptações bastante oportunas (talvez não tenham surgido todas simultaneamente), como núcleo, organelas membranosas, tamanho maior, **meiose** e citoesqueleto. O citoesqueleto, particularmente, permitiu a ocorrência de **fagocitose**, garantindo à célula não só maior aporte de alimentos, mas também a capacidade de realizar simbiose (o que ampliou enormemente a gama de relações ecológicas possíveis). Atualmente, acredita-se que o surgimento das organelas **mitocôndria** e **cloroplasto** foram resultantes de processos de **endossimbiose** entre organismos eucariontes heterotróficos e **procariontes**. No caso dos cloroplastos, estes eventos de endossimbiose permitiram a diversificação de todos os grupos de algas conhecidos atualmente.

Tal aumento inestimável de complexidade ampliou o campo de atuação para as mutações genéticas e para a seleção natural. Essa explosão de formas vislumbrada dentre os eucariontes também teve origem marinha, e só passou a ocorrer em outros ambientes após mais de um bilhão de anos de interações ecológicas intensas. De maneira geral, podemos dizer que todas as principais formas de vida conhecidas, as principais linhagens, os grandes grupos, nasceram em um oceano: os domínios das bactérias, das arqueias e dos eucariontes. Dentro dos eucariontes, as grandes linhagens também têm origem marinha: plantas verdes (clorófitas e plantas terrestres), rodófitas, estramenópilas (feofíceas e outros), alveolados, euglenozoários, fungos, coanoflagelados, animais (todos os 34 filos animais tiveram origem marinha) e algumas outras linhagens, cada uma com sua história particular, fortemente determinada pela condição ancestral.

O presente guia trata de apenas alguns dos grupos, aqueles encontrados atualmente em costões rochosos na maioria das vezes. Mas quando só consideramos uma parte da diversidade existente, ela pode se apresentar a nós de forma incompreensivelmente intrincada e desorganizada. Por esse motivo devemos organizá-la e classificá-la de algum modo, e é a essa atividade que se dedica o ramo da biologia denominado sistemática.

Existem muitos critérios nos quais uma classificação pode se basear, todavia, nos últimos tempos, um critério tem se mostrado particularmente útil: a classificação por parentesco. Afinal, além de permitir a organização em si, também permite explicá-la, quando utilizamos a Teoria da Evolução, que admite a transformação e o surgimento de espécies ao longo do tempo.

Assim, nesse contexto, quando se fala em um grupo de organismos, está se falando de um grupo que descende de um único ancestral (uma população já extinta), e que dele herdou muitas características que acabam definindo todos os membros desse grupo. É interessante que mantenhamos isso em mente quando lermos nomes como Porifera, Cnidária e Rhodophyta, pois tais termos devem transmitir uma noção de continuidade e ancestralidade/descendência, que não só organizam, mas também explicam e permitem, inclusive, fazer inferências (por exemplo, ao saber que um organismo é um porífero, não precisamos olhá-lo ao microscópio para saber que deve possuir coanócitos).

A Figura 2.1, na página seguinte, mostra as relações de parentesco mais aceitas atualmente para as principais linhagens de eucariontes: em suma, as linhas verticais indicam transformações em uma mesma linhagem; as bifurcações, o surgimento de novas linhagens por meio de isolamento reprodutivo. Dentro de cada um desses grupos, outros grupos menores se relacionam de forma similar (por exemplo, na linhagem dos animais, encontramos a dos poríferos, cnidários, moluscos, anelídeos, artrópodes, equinodermos, cordados e ectoproctos – todos abordados neste livro –, além de muitos outros).

De maneira geral, esse guia foi estruturado com essa visão, portanto, seguindo esse raciocínio, o grupo dos poliquetas estará mais próximo ao dos moluscos (todos eles dentro do ramo denominado "animais") que ao das feofíceas (que se encontram no ramo denominado "estramenópilas").

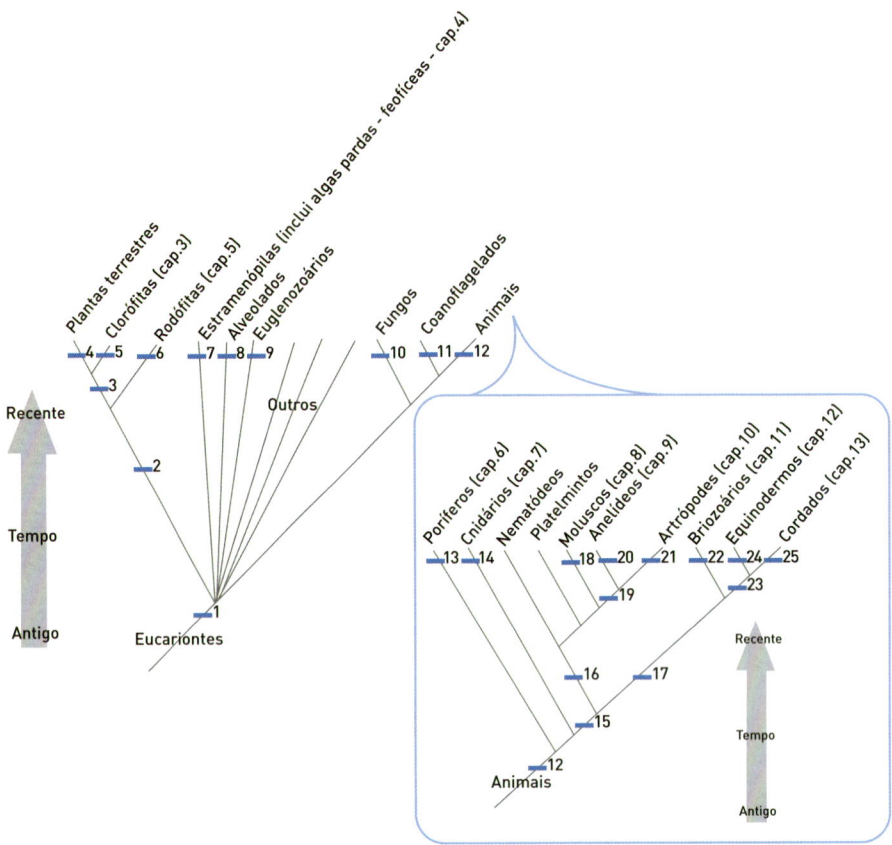

Figura 2.1 – Relações de parentesco mais aceitas atualmente para as principais linhagens de eucariontes. Sinapomorfias:

❶ Presença de núcleo e organelas membranosas nas células; ❷ plastídeos com duas membranas; ❸ clorofilas a e b; ❹ embrião de planta; ❺ enzima glicolato desidrogenase, ficolplasto; ❻ sinapse; ❼ dois flagelos motores em um estágio do ciclo de vida; ❽ alvéolos (pequenas cavidades) sob a membrana plasmática; ❾ extrusomos (corpúsculos que ejetam estruturas ou substâncias) tubulares; ❿ parede celular de quitina; ⓫ posição fixa das organelas no citoplasma; ⓬ tecido conjuntivo; ⓭ coanócitos; ⓮ cnidócitos; ⓯ simetria bilateral; ⓰ desenvolvimento determinado; ⓱ trato digestório em forma de "U"; ⓲ manto; ⓳ segmentação; ⓴ sistema circulatório fechado; ㉑ pernas articuladas; ㉒ sistema funicular; ㉓ ânus surge primeiro que a boca no desenvolvimento embrionário; ㉔ simetria pentarradial (cinco planos de simetria); ㉕ notocorda.

parte II
Macroalgas

3 clorófitas
(ALGAS VERDES)

Henrique Lauand Ribeiro

◉ **Chlorophyta** (do latim *chloro* = verde + *phutón* = alga ou planta)

As algas verdes compreendem um dos maiores grupos de algas se considerarmos a abundância de espécies (entre 16 mil e 17 mil), gêneros (entre 550 e 570) e a frequência com que ocorrem. Elas crescem em ambientes de água doce e ambientes marinhos saturados com solutos, e a maioria das espécies, aproximadamente 90%, é **planctônica** de água doce, apresentando distribuição cosmopolita, isto é, estão presentes amplamente em todo o planeta. Algumas ordens de algas verdes são exclusivamente marinhas e se encontram em águas tropicais e subtropicais, podendo ser bentônicas ou planctônicas. Existem algumas formas terrestres que crescem sobre troncos ou barrancos úmidos, ou sobre camadas de gelo nos polos (*Chlamydomonas*). Há, ainda, formas **saprófitas** sem pigmentos e formas que vivem em associações com fungos – formando os liquens –, protozoários, cnidários (hidras) e mamíferos (bicho-preguiça). O tamanho é variável, desde microscópicas (por exemplo, *Dunaliella*) até alguns metros de comprimento (por exemplo, *Codium*).

⤳ Estrutura do talo

Apresentam organização celular eucariótica, possuem de um a muitos cloroplastos por célula e apresentam clorofilas *a* e *b*, além de xantofilas. A forma dos cloro**plastos** é bastante variável, mas são envoltos por duas membranas, e os tilacoides estão empilhados, de dois a seis, podendo formar os *grana*.

A parede celular é formada por uma matriz fibrilar (geralmente celulose) embebida em uma matriz não fibrilar (hemicelulose), e alguns gêneros apresentam depósitos de carbonato de cálcio na parede. Existe ampla variedade morfológica, podendo as algas dividirem-se em filamentosas (ramificadas ou não), foliáceas e coloniais. Podem também ser unicelulares, como no caso de diversas algas planctônicas.

As algas verdes não formam um grupo **monofilético**, e apenas quando consideradas juntas com Embryophyta é que formam um grupo monofilético, denominado Viridiplantae, o qual possui como **sinapomorfias**: "peça em H" nas células **flageladas**; plastídio envolto por duas membranas, com clorofila *a* e *b*, e tilacoides empilhados; amido intraplastidial como substância de reserva e neoxantina. Entretanto, as classes Ulvophyceae, Chlorophyceae e Trebouxiophyceae em conjunto são denominadas Chlorophyta por muitos autores, o que causa certa confusão sobre o uso do termo.

Alimentação

As algas verdes fazem parte dos produtores na cadeia alimentar e, portanto, para se nutrirem convertem energia luminosa proveniente da luz solar em energia química, promovendo seu armazenamento em forma de amido. O amido é armazenado nos **pirenoides**, quando estes estão presentes. As algas que vivem suspensas na coluna d'água são responsáveis por grande parte da oxigenação das águas, por conta do processo de fotossíntese. Assim, as algas como organismos produtores são responsáveis pelo estabelecimento de diversos outros organismos que as consomem, estruturando os ecossistemas.

Trocas gasosas e excreção

As algas produzem seu próprio oxigênio por meio da fotossíntese, metabolizando parte dele em seus processos celulares (respiração celular). O excedente de oxigênio é expelido para o meio ambiente por **difusão** simples, assim como as excreções.

Reprodução

Nas algas verdes ocorre reprodução vegetativa, espórica e gamética, e a reprodução vegetativa ocorre por divisão celular simples, fragmentação. As algas verdes também podem se reproduzir por meio da formação de **esporos** (**zoósporos** ou **aplanósporos**). Na reprodução gamética, verifica-se a **isogamia**, a **anisogamia** e a **oogamia**. Esses **gametas** podem ser móveis (planogametas = zoogametas) ou imóveis (aplanogametas), e o ciclo de vida nas algas verdes é extremamente variável: **Haplobionte haplonte** (Fig. 3.1 – por exemplo, *Acetabularia, Monostroma* e os gêneros de água doce *Zygnema* e *Spirogyra*), **Diplobionte isomórfico** (por exemplo, *Ulva* e *Chaetomorpha*) ou **Diplobionte heteromórfico** (por exemplo, *Derbesia*, que é 2n, alternando com uma fase n muito diferente, descrita no passado como um gênero distinto, *Halicystis*).

✤ Importância econômica

São muito importantes para a alimentação humana. Algumas espécies são cultivadas sobre redes colocadas em água salobra no Japão (*Monostroma* sp.).

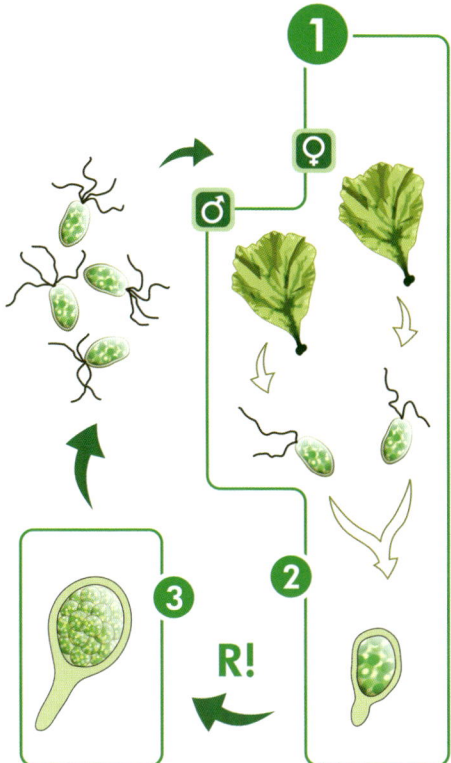

Figura 3.1 – Ciclo de vida haplobionte haplonte encontrado em alguns gêneros de algas verdes. Nesta figura está representado o gênero *Monostroma*.

❶ Talos haploides (n) femininos e masculinos produzem gametas biflagelados por mitose. ❷ Os gametas se unem formando um zigoto (2n), o qual se divide por meiose (R!) e forma ❸ O estágio Codiolum, que libera esporos quadriflagelados haploides (n), os quais ao germinarem constituem novos talos femininos e masculinos, reiniciando o ciclo.

Obs.: Alguns autores consideram o ciclo de vida descrito nesta figura como diplobionte, sendo que o estágio Codiolum seria a fase 2n do ciclo, apesar de reduzida e efêmera. Entretanto, pela definição utilizada aqui (ver glossário), consideramos o ciclo haplobionte haplonte pelo fato de a meiose ocorrer no zigoto.

clorófitas
(ALGAS VERDES)

◉ **Nome popular:** Ulva ou alface-do-mar
◉ **Nome cientifico:** *Ulva* sp.

© Foto: Guilherme H. Pereira Filho

⁌ Características

Apresenta um disco basal de fixação ao substrato e um talo achatado que forma uma lâmina de 3 a 20 cm de comprimento, dependendo da espécie; é verde; tem aspecto folhoso; e espessura de duas camadas de células apenas. As células apresentam contorno poligonal, com um cloroplasto **parietal** que tem um pirenoide, parede celular e membranas espessas.

A reprodução é sexuada, com formação de zoósporos que possuem de 4 a 8 **flagelos** por célula; e o ciclo de vida é isomórfico. Os elementos reprodutores estão presentes nas margens do talo, nas extremidades das fitas, e as zonas férteis são reconhecidas macroscopicamente porque aparecem como manchas esbranquiçadas e amareladas.

◉Ambiente

Mediolitoral. É também uma alga oportunista, sendo encontrada em ambientes com excesso de nutrientes, ou seja, ambientes eutrofizados. O gênero é muito comum no litoral da Região Sudeste brasileira e, em geral, aparece com poucos centímetros de altura. Apresenta ampla distribuição geográfica.

Ulva lactuca Linnaeus 1753 é muito comum no litoral norte do Estado de São Paulo, e é encontrada em todas as estações do ano. Ela cresce sobre rochas na zona das marés, principalmente em locais mais protegidos da ação das ondas, e apresenta desenvolvimento diferenciado ao longo do ano.

◉ Curiosidade

Trata-se de uma alga da família das clorofíceas, que cresce nas rochas e é detectada durante a maré baixa. As frondes de *Ulva* são largas e compridas, e fazem lembrar as folhas da alface. Apresenta um alto teor de vitamina C (dez vezes maior que o da laranja) e de vitamina A (duas vezes mais que o da couve).

clorófitas
(ALGAS VERDES)

⊙ **Nome popular:** Quetomorfa
⊙ **Nome científico:** *Chaetomorpha antennina*
(Bory de Saint-Vincent) Kützing

© Foto: Guilherme H. Pereira Filho

⅍ Características

Apresenta talo filamentoso – não ramificado –, com uma fileira de células, e um disco rizoidal que fixa a alga no substrato pela célula basal.

Cresce isoladamente ou em densos tufos em forma de pincel e, nesse caso, forma um apressório grande. O crescimento se dá a partir do ápice. As células são grandes e, muitas vezes, podem ser vistas a olho nu. Possuem paredes grossas e com muitos cloroplastos e pirenoides. Todas as células, exceto a do disco basal, são capazes de produzir elementos de reprodução móveis, que se libertam por poros formados na membrana da célula. Os zoósporos e os gametas são semelhantes e produzidos em grande número em cada célula. Apresenta alternância de gerações com indivíduos morfologicamente idênticos.

⊚Ambiente

Encontrada na zona das marés, fica exposta durante as marés baixas e submersa durante as marés altas. Algumas vivem semienterradas na areia e crescem isoladamente. *Chaetomorpha antennina* é encontrada com frequência na Região Sudeste do Brasil, em locais com exposição à ação das ondas, onde a arrebentação e os borrifos de água são mais intensos.

⊙ Curiosidade

Chaetomorpha antennina parece um aglomerado de cabelos e é chamada popularmente pelos norte-americanos de hairy chaetomorpha (quetomorfa cabeluda). Esta espécie pode apresentar inclusões de cristais de dois tipos em suas células: 1) cristais de sílica em forma de finas agulhas agrupadas e 2) cristais de oxalato de cálcio em forma de octaedros. O oxalato de cálcio é o responsável pela formação de pedras nos rins dos seres humanos.

clorófitas
(ALGAS VERDES)

⊙ **Nome popular:** Caulerpa uva
⊙ **Nome científico:** *Caulerpa racemosa* (Forsskål) J. Agardh

⤳ Características

Apresenta talo rastejante, constituído por uma porção rizomatosa, que fixa o talo ao substrato por tufos de rizoides. Os ramos são eretos, ramificados e **cenocíticos**, e os eixos são eretos e constituídos por numerosos ramos curtos densamente dispostos, que nessa espécie apresentam forma globoide, dando ao talo o aspecto de um cacho de uvas.

Com rápido crescimento, coloração verde e tamanho variado (costumam medir de 3 a 8 cm), esta alga geralmente é encontrada no litoral da Região Sudeste. Ela pode liberar substâncias tóxicas na água, especialmente se estiver se reproduzindo ou morrendo.

⊚ Ambiente

Mediolitoral. Não tolera grandes variações da salinidade e é encontrada em recifes de corais em áreas tropicais e subtropicais por todo o mundo. Cresce sobre rochas em lugares de águas escuras e pouca profundidade, e algumas variedades da espécie, como a *uvifera* e a *occidentalis*, são encontradas em costões de mar batido e águas limpas, revestindo as rochas mais protegidas.

⊙ Curiosidade

Nas Filipinas, a alga preferida como alimento é pertencente ao gênero *Caulerpa*. Algumas espécies são invasoras, como a *Caulerpa taxilfolia*, encontrada em todo o Mediterrâneo e proveniente de descarte feito por aquaristas. Esse gênero produz uma substância denominada caulerpina, que é um terpeno, uma substância que pode ser tóxica em grandes quantidades ou reduzir a reprodutividade de alguns peixes, por isso podemos observar a diminuição do número de indivíduos de alguns cardumes que se alimentam de *Caulerpa*.

4 feofíceas
(ALGAS PARDAS)

Guilherme H. Pereira-Filho

⦿ **Filo Ochrophyta** (do grego *okhros* = ocre + *phutón* = alga ou planta)

⦿ **Classe Phaeophyceae**

Abrange entre 900 e 2 mil espécies, popularmente conhecidas como algas pardas. São quase todas marinhas, apenas cinco gêneros são de água doce. As marinhas ocorrem desde o supralitoral até o infralitoral, e são abundantes no mediolitoral e no infralitoral até 40 m de profundidade (podendo atingir maiores profundidades em águas tropicais claras).

Todas as espécies são bentônicas e vivem sobre rochas ou como epífitas, mas existem também espécies flutuantes do gênero *Sargassum*, formadoras dos mares de sargaços. São mais diversas nas regiões frias, mas ocorrem desde regiões equatoriais e tropicais até regiões subpolares. O tamanho é variável, sendo que o talo pode ser de microscópico a gigante (por exemplo, *Macrocystis*, que pode atingir até 60 m de comprimento).

Estrutura do talo

As Phaeophyceae nunca são unicelulares. O talo dessas algas apresenta morfologia extremamente variável, podendo ser filamentoso, crostoso, em forma de fita, lâminas, vesículas, leques, tubos, entre outros. Além disso, algumas espécies podem possuir células diferenciadas que se assemelham ao caule e à raiz de plantas terrestres.

As células apresentam um ou vários plastídios, providos ou não de pirenoides e envoltos por quatro membranas. Os plastídios apresentam as clorofilas *a* e *c*, além dos pigmentos denominados carotenoides (principalmente fucoxantina), que são responsáveis pela coloração amarronzada.

As paredes celulares são compostas de celulose, fucanos sulfatados e alginatos. O carboidrato de reserva é a laminarina. As sinapomorfias do grupo são: órgãos uni e pluriloculares (ver o tópico "Reprodução") e plasmodesmas.

❦ Alimentação

São organismos produtores que convertem energia luminosa, gás carbônico e água em glicose e oxigênio. Para essa conversão, a clorofila *a* é essencial, pois absorve energia luminosa no comprimento do azul e do vermelho. Os carotenoides exercem importante função ao permitir que essas algas utilizem, além da energia absorvida pela clorofila, a energia luminosa do ultravioleta ao azul.

❦ Trocas gasosas e excreção

Como essas algas possuem uma organização relativamente simples e vivem grande parte do tempo submersas, as trocas com o meio não apresentam dificuldades, sendo realizadas por difusão. Diferentemente das plantas terrestres, esses organismos não possuem um órgão especializado em absorção e outro para condução dos compostos minerais, como raízes e vasos condutores. A absorção é realizada pelas células em contato com o meio e dessas para as adjacentes pelo processo de difusão.

❦ Reprodução

A reprodução desse grupo pode ser por fecundação entre gametas iguais (isogamia), diferentes em tamanho (anisogamia) ou por um gameta flagelado fecundando um gameta imóvel (oogamia), mas a presença de um gameta biflagelado é uma característica taxonômica desse grupo. A fecundação dá origem a um **zigoto**, que se desenvolve em um **esporófito** (**diploide**, 2n). A meiose ocorre em regiões do esporófito denominadas esporângios, onde são formados os esporos, que liberados originam **gametófitos** (**haploides**, n). Portanto, o ciclo de vida é diplobionte, com alternância de gerações 2n e n (Fig. 4.1). Os gametófitos podem ser de sexos separados ou não, e as estruturas reprodutivas recebem nomes especiais: órgão plurilocular, que aparece tanto no gametófito como no esporófito, originando células móveis por mitose; e órgão unilocular, presente apenas no esporófito, correspondendo ao centro de meiose.

❦ Importância econômica

Algumas algas pardas são consumidas como alimentos, principalmente nos países orientais. Destacam-se os gêneros *Laminaria* e *Undaria*, conhecidas popularmente como Kombu e Wakame. Desse grupo de algas são extraídos os alginatos, **polissacarídeos** utilizados para evitar a formação de cristais de gelo na produção de sorvetes, e também em tintas, vernizes e na pasta de dente. De modo menos importante, são utilizadas como fonte de iodo para o combate a doenças da tireoide.

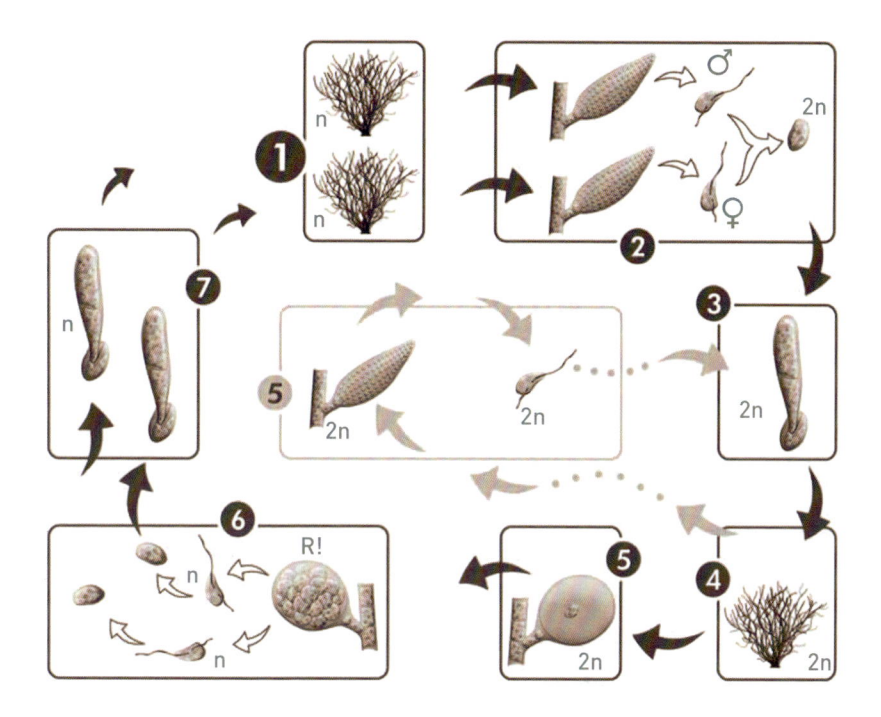

Figura 4.1 – Ciclo de vida de *Ectocarpus* sp., diplobionte isomórfico.
① Gametófitos (n); ② Órgãos pluriloculares originando gametas femininos (♀) e masculinos (♂) por mitose, os quais se unem para formar um zigoto (2n); ③ Germinação de um esporófito (2n) a partir do zigoto; ④ Esporófito (2n) com morfologia semelhante à dos gametófitos; ⑤ Formação de estruturas reprodutivas no esporófito, podendo ser: órgão plurilocular (representado no esquema pelo número 5 em cor mais clara), o qual produzirá esporos (2n) que germinarão em novos esporófitos ou órgão unilocular (representado no esquema pelo número 5 em cor mais escura) de formato arredondado; ⑥ Órgão unilocular produz esporos haploides (n) por meiose; ⑦ Esporos haploides germinarão em gametófitos, os quais reiniciarão o ciclo.

feofíceas
(ALGAS PARDAS)

◉ **Nome popular:** Sargaço
◉ **Nome científico:** *Sargassum vulgare*. C. Agardh

Foto: Luiz Fernando Campos Furlan

⋗ Características

Pode atingir algumas dezenas de centímetros, e contém estruturas que se assemelham a folhas, denominadas filoides por não possuírem sistema condutor. Podem ser encontradas no talo algumas vesículas esféricas ocas que auxiliam na flutuação do indivíduo.

☻Ambiente

Região denominada Franja do Infralitoral, parte que é a transição entre a região do costão rochoso que está sempre submersa (infralitoral) e a região eventualmente exposta pela maré (mediolitoral).

As espécies presentes em locais com ondas muito fortes são pequenas, com aspecto atarracado, e presas muito fortemente às rochas, ao passo que as que ocorrem em locais de águas calmas são longilíneas e providas de flutuadores. Dessa forma, podem ser utilizadas como indicadores ambientais. É um gênero amplamente distribuído no globo.

⋅☻ Curiosidade

Esse gênero apresenta diversas espécies capazes de se fecundarem e originarem indivíduos híbridos, e é possível que algumas formas descritas como espécies sejam na verdade híbridos.

No "Mar dos Sargaços", localizado nas proximidades do Triângulo das Bermudas, ocorrem espécies flutuantes: elas não estão presas a nada e são levadas ao sabor das correntes. Como, às vezes, ocorrem em densidades muito elevadas, podem causar sérios problemas à navegação. Nos tempos da navegação à vela ocasionaram o desaparecimento de muitos navios, que ficavam presos entre as massas dessa alga.

O sargaço é uma das algas brasileiras que contém o alginato, e as espécies desse gênero estão entre as mais sensíveis à poluição. Na baía de Santos, em São Paulo, embora muito abundantes até a década de 1950, atualmente não são mais encontradas.

feofíceas
(ALGAS PARDAS)

◉ **Nome popular:** Padina
◉ **Nome científico:** *Padina gymnospora* (Kützing) Sonder

Foto: Luiz Fernando Campos Furlan

Características

Alga parda de até 10 cm de comprimento. Fixa ao substrato por uma pequena região denominada apressório, seu formato lembra um leque aberto, sendo que a margem superior enrola-se nela própria.

Ambiente

Espécie amplamente distribuída no globo, é comumente encontrada na região mediolitoral de costões abrigados. Muito comum no litoral brasileiro, distribuída do Maranhão ao Rio Grande do Sul.

Curiosidade

A margem enrolada é consequência de um crescimento desigual das células. A face em que a célula apresenta um crescimento retardado é o lado para o qual se enrola a margem.

As linhas concêntricas que podem ser observadas no talo apresentam impregnação de carbonato de cálcio e tufos de pelos em ambas as faces. Os soros (estruturas reprodutivas) geralmente são observados em linhas justapostas às de tufos de pelos.

feofíceas
(ALGAS PARDAS)

◉ **Nome popular:** Colpomênia
◉ **Nome científico:** *Colpomenia sinuosa* (Mertens ex Roth) Derbès & Solier

Foto: Ricardo Mazzaro

꙳ Características

Alga parda que mede entre 2 e 20 cm de diâmetro. O crescimento dessa alga é semelhante ao enchimento de uma vesícula de gás, o que justifica seu formato quando adulta.

Ambiente

Espécie amplamente distribuída no globo, é encontrada na parte inferior da região mediolitoral e na infralitoral, tanto em lugares expostos ao batimento de ondas como em lugares mais abrigados.

Curiosidade

Essa alga pode, por vezes, crescer sobre outros organismos, como ostras, mexilhões ou até mesmo outras algas. E se por algum motivo esses organismos forem destacados do substrato, a alga *Colpomenia* sp. funcionará como um flutuador, transportando-os para outras regiões.

feofíceas
(ALGAS PARDAS)

◉ **Nome popular:** Dictiota
◉ **Nome científico:** *Dictyota ciliolata* Sonder ex Kützing

꙳ Características

Alga parda que pode atingir até 30 cm de altura. Fixa ao substrato em um só ponto, denominado apressório, tem o talo achatado, em forma de fita, com 1 a 3 cm de largura. A ramificação é sempre em bifurcações dessa fita (dicotômica).

⊚ Ambiente

Espécie amplamente distribuída no globo, é encontrada na parte inferior da região mediolitoral e na infralitoral, tanto em lugares expostos ao batimento de ondas como em lugares mais abrigados.

⊙ Curiosidade

Ao colocar o talo dessa alga contra a luz, pode-se observar alguns pontos mais escuros (análogos aos pontos pretos localizados na face inferior das folhas de samambaias) denominados soros. Aí são produzidos esporos responsáveis pela reprodução assexuada desse organismo.

Várias espécies do gênero *Dictyota* têm sido estudadas por produzirem um diterpreno com atividade anti-HIV-1.

feofíceas
(ALGAS PARDAS)

◉ **Nome popular:** Asteronema
◉ **Nome cientifico:** *Asteronema breviarticulatum*
(J. Agardh) Ouriques & Bouzon

༓ Caracteristicas

Alga parda delicada que atinge poucos centímetros de altura. Filamentosa, ela forma densos tufos que, a olho nu, assemelham-se a tufos de cabelo.

◉Ambiente

Espécie amplamente distribuída no globo, é encontrada na parte superior da região mediolitoral, em lugares expostos ao batimento de ondas.

◔ Curiosidade

As algas pardas filamentosas são facilmente confundidas a olho nu. Os critérios que as diferenciam são, principalmente, a forma de crescimento (se as células que se dividem estão no meio do filamento ou no ápice) e o local das estruturas de reprodução (se estas estão entre as células do filamento ou na lateral). Uma maneira geral de tratá-las é como algas da família Ectocarpaceae.

5 rodófitas
(ALGAS VERMELHAS)

FLÁVIO BERCHEZ

◉ **Filo Rhodophyta** (do grego *rhodo* = vermelho + *phutón* = alga ou planta)

Existem mais de 10 mil espécies descritas, embora se acredite que o número efetivo esteja entre 4 mil e 6 mil, por causa da grande quantidade de sinônimos. De qualquer forma, é o grupo de maior diversidade dentre as algas de costão. Tem distribuição ampla, ocorrendo, por exemplo, em regiões polares, em rios e reservatórios de água doce e em regiões de mar profundo.

São predominantemente marinhas e bentônicas (apenas três gêneros unicelulares são planctônicos), mas também podem ser epífitas, **endofíticas**, parasitas ou **hemiparasitas**, viver sobre solos úmidos ou dentro de conchas de moluscos. Parte das espécies é bastante sensível a diversos tipos de poluentes e até mesmo desaparece completamente em enseadas mais impactadas. São encontradas desde o mediolitoral até regiões profundas, onde quase não há penetração de luz (268 m de profundidade). São, em geral, de tamanho médio (de alguns milímetros até algumas dezenas de centímetros).

⤳ Estrutura do talo

As algas vermelhas normalmente podem ser identificadas pela cor, por causa da presença de pigmentos chamados ficobiliproteínas, dos quais se destaca a ficoeritrina, de coloração vermelha, que resulta em tonalidades que variam do rosa claro ao vermelho vináceo, quase próximo ao negro. Entretanto, em espécies em que a quantidade desse pigmento é pequena, a clorofila, presente em todos os grupos de vegetais, pode se sobressair, resultando em uma coloração verde-amarelada. Além das ficobiliproteínas, possuem clorofila *a*, clorofila *d* (apenas alguns gêneros), β-caroteno e xantofilas.

São macroscópicas, de forma filamentosa ou **parenquimatosa** de aspecto foliáceo. Excetuam-se apenas poucos gêneros unicelulares. O talo filamentoso pode crescer através de uma célula apical ou de várias. Cada célula possui um ou vários plastídios, centrais ou parietais, com ou sem pirenoide.

Possuem como reserva um tipo de polissacarídeo semelhante ao **glicogênio**, denominado amido das florídeas. Como constituinte da parede celular, possuem, além de celulose, outros polissacarídeos, sendo os principais o ágar e a carragenana. Algumas algas vermelhas são calcificadas; o depósito de carbonato de cálcio em suas paredes celulares torna-as duras e de aspecto rígido.

As algas vermelhas podem ser caracterizadas pela ausência de flagelos, mesmo nos elementos de reprodução, característica única dentro dos filos de algas eucarióticas.

Alimentação

São organismos produtores que convertem energia luminosa, gás carbônico e água em glicose e oxigênio.

Trocas gasosas e excreção

Assim como as algas pertencentes aos demais filos (clorófitas e feofíceas), as algas vermelhas não possuem um órgão especializado em absorção e outro para condução dos compostos minerais, como raízes e vasos condutores. A absorção de nutrientes e gases dissolvidos é realizada pelas células em contato com o meio e destas para as adjacentes pelo processo de difusão.

Reprodução

O ciclo de vida da maioria das algas vermelhas é único, não apresentando similares nos demais grupos de plantas. Nele há a alternância de três fases (Fig. 5.1). As plantas masculinas e femininas haploides da "geração gametofítica" produzem gametas, sendo o feminino constituído por uma única célula fixa na planta mãe e um prolongamento para capturar os gametas masculinos liberados na água – que, como vimos, não têm flagelo**s** e, portanto, possibilidade de deslocamento ativo. Após a fecundação, o zigoto resultante desenvolve-se preso à planta feminina, originando uma nova geração, diploide – que nunca terá vida independente – denominada "geração carposporofítica". Os esporos liberados por essa planta "parasita" darão origem a um terceiro tipo de planta, de vida livre, também diploide, a "geração tetrasporofítica". Esta, finalmente produz, por meiose, esporos que originarão plantas masculinas ou femininas.

❖ Importância econômica

As algas vermelhas têm grande importância como produtoras primárias da base das cadeias alimentares aquáticas. Além disso, são também importantes na alimentação humana, por serem fonte de vitaminas, sais minerais e também de alguns aminoácidos, embora, em relação a estes, haja controvérsias sobre qual é sua real absorção pelo organismo humano. O ágar e a carragenana da parede celular são extraídos e utilizados pelo homem em inúmeras aplicações, ligadas às suas propriedades gelificantes, espessantes e emulsificantes. O ágar de *Pterocladiella capillacea*, alga vermelha presente em nossos costões rochosos, é usado na composição de géis de agarose, muito usados pelos biólogos moleculares, e também em meios de cultura de bactérias e fungos.

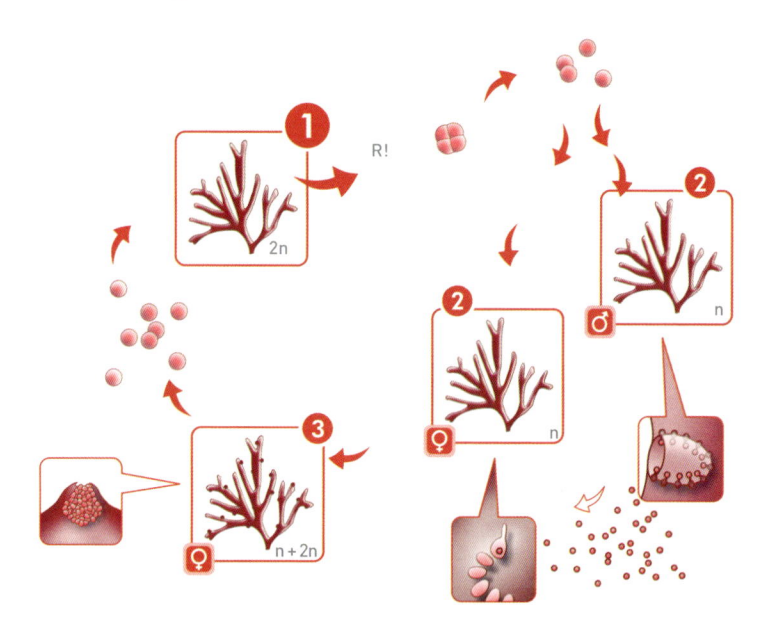

Figura 5.1 – Ciclo de vida trifásico de *Gracilaria* sp.
❶ Tetrasporófito (2n), que em geral, por meiose, origina quatro tetrásporos (n); ❷ Gametófitos (n) masculino (♂) e feminino (♀), os quais produzem espermácias e oosfera, respectivamente (mostrados em detalhe na figura). A oosfera está contida dentro de um carpogônio e possui um apêndice alongado (tricogine); ❸ Gametófito feminino contendo os carpogônios já fecundados (carposporófitos 2n) que darão origem aos carpósporos, que, ao germinarem, reiniciam o ciclo.

rodófitas
(ALGAS VERMELHAS)

◉ **Nome popular:** Bostrychia
◉ **Nome cientifico:** *Bostrychia* sp.

⊱ Características

Alga filamentosa de coloração que varia de vermelho enegrecido a amarelado, com ramos muito justapostos que dão aspecto de tapete com textura macia. Apresenta ciclo trifásico, com as fases esporofítica e gametofítica morfologicamente idênticas.

◉ Ambiente

É um dos gêneros de algas adaptados às porções mais altas da zona de marés, ocorrendo desde o limite superior do mediolitoral até o supralitoral. Neste, normalmente em fendas, locas ou grutas, onde a maior fonte de umidade é a condensação da água, principalmente durante o período noturno. Apresenta distribuição geográfica mundial.

◉ Curiosidade

Está entre as algas que possuem grande resistência à exposição ao ar, sendo quase "terrestres". Experimentos que monitoram a taxa fotossintética demonstram que essa alga pode sobreviver por tempo indefinido sendo apenas umedecidas periodicamente com água salobra.

Essa resistência individual se une à forma de estruturação física dessas populações, na qual os diversos indivíduos ficam densamente agrupados, criando um microclima que tende a reter umidade, permitindo assim a colonização de regiões inacessíveis a outras espécies.

No manguezal, espécies desse gênero podem ficar expostas durante a maré baixa por dias, adquirindo um aspecto totalmente seco e re-hidratando normalmente, sem qualquer dano, no momento em que a maré sobe. Outras espécies têm distribuição tanto nas porções mais altas do manguezal como nos cursos de água que lhe dão origem, em pontos onde a água é totalmente doce, demonstrando assim resistência também à variação de salinidade.

rodófitas
(ALGAS VERMELHAS)

◉ **Nome popular:** Algas calcárias articuladas
◉ **Nome científico:** por exemplo, *Jania adhaerens* J. V. Lamouroux e *Amphiroa beauvoisii* J. V. Lamouroux

Foto: Luiz Fernando Campos Furlan

Características

São algas cilíndricas, de coloração vermelho-esbranquiçado ou rosa, e duras ao tato por causa da presença de carbonato de cálcio em suas paredes celulares. Apresentam, ao longo do seu eixo, regiões não calcificadas, o que as deixa quebradiças, especialmente quando secas, razão pela qual são chamadas "articuladas". Diversos gêneros são incluídos nesse grupo, apresentando aspectos muito semelhantes entre si. Formam tapetes densos e baixos, com indivíduos muito próximos e entrelaçados, muitas vezes reunindo mais de um gênero.

Ambiente

Com alta radiação solar. São amplamente distribuídas pelo globo e encontradas tanto no médio como no infralitoral, recobrindo amplas áreas.

Curiosidade

A calcificação é normalmente interpretada como uma defesa da alga contra a predação por animais herbívoros. Em experimentos de palatabilidade, as algas menos preferidas por predadores são aquelas calcificadas, o que é compreensível, uma vez que comer "pedras" calcárias é uma tarefa ingrata e pouco rentável em termos nutricionais. Entretanto, outras funções são atribuídas à calcificação, como a maior resistência ao embate das ondas. No caso das calcárias articuladas, essa característica se associa à estruturação em tapetes densos e baixos, com indivíduos muito entrelaçados entre si, o que permite a essas algas resistirem a uma movimentação de ondas intensa.

Essa forma de estruturação desses tapetes fornece um microambiente que permite a sobrevivência de inúmeros pequenos organismos em seu interior, em especial crustáceos e poliquetas, que são usualmente denominados "fital".

rodófitas
(ALGAS VERMELHAS)

⊙ **Nome popular:** Algas calcárias crostosas
⊙ **Nome científico:** por exemplo, *Neogoniolithon* sp.

© Foto: Ricardo Mazzaro

⇝ Características

Algas de coloração rosada, que aderem ao substrato formando crostas calcificadas, de tal forma que a parte da rocha recoberta por elas fica parecendo uma "pedra rosada". Os gêneros neste grupo são muito semelhantes, e, muitas vezes, ocorrem associados.

◉ Ambiente

São amplamente distribuídas no globo. Aparecem tanto no médio como no infralitoral, em diferentes profundidades, níveis de hidrodinamismo e radiação solar. Frequentemente formam povoamentos associados a ouriços, os quais raspam o substrato, retirando continuamente as demais algas. Também ocorrem no limite inferior de ocorrência das rochas, recobertas por uma capa de sedimentos.

⦿ Curiosidade

São as algas que conseguem crescer mais fundo, em profundidades de até 240 m, onde a quantidade de radiação solar é mínima, sendo totalmente escuras para o olho humano. Apesar disso, conseguem fazer fotossíntese e crescer lentamente. Essa característica pode estar relacionada à sua capacidade de sobreviver mesmo quando recobertas por sedimentos.

As algas calcárias crostosas são responsáveis pela estruturação do ecossistema marinho de substrato consolidado mais extenso do Brasil, os "bancos de algas calcárias". Esses bancos são muito mais extensos no Brasil do que em qualquer local do mundo. Neles, todo o substrato duro é de origem biológica. O crescimento de crostas de algas calcárias origina pequenos blocos arredondados (rodolitos) de tamanho sucessivamente maior e, depois, grandes blocos, nos quais a parte superficial é viva. Sobre eles se desenvolvem outras algas (foliáceas) e organismos que fazem parte de uma cadeia, provavelmente, de grande importância ecológica.

rodófitas
(ALGAS VERMELHAS)

◉ **Nome popular:** Nori
◉ **Nome cientifico:** *Porphyra* sp.

Características

Alga foliácea com uma ou duas células de espessura, delicada e escorregadia ao tato, com cor que varia de vermelho-vinho a verde-avermelhado, com porções clareadas pela exposição ao sol; fortemente presa ao substrato por processos rizoidais. Apresenta alternância de gerações completamente distintas – a fase macroscópica foliácea e a fase esporofítica microscópica que vive sobre conchas de moluscos – com aspecto de filamentos vermelhos muito delicados.

Ambiente

A fase foliácea ocorre no limite superior do mediolitoral, em locais com forte arrebentação, durante os meses de inverno; no verão, desaparece completamente (apenas a fase microscópica sobrevive). No Brasil, está restrita às regiões Sul e Sudeste.

Curiosidade

A alga Nori é extremamente importante em termos econômicos, pois é o alimento marinho que movimenta mais dinheiro no Japão. No sushi, é utilizada como envoltório em uma mistura de arroz e outros ingredientes.

A maioria da Nori consumida no mundo vem de cultivos feitos no mar do Japão. Para tanto, a fase microscópica é cultivada o ano todo sobre as conchas, em tanques dentro de grandes estufas. No início do inverno, as redes de cultivo são colocadas nos tanques para serem semeadas com os esporos e, então, levadas ao mar para que haja o desenvolvimento da fase foliácea, cuja colheita é feita após cerca de três meses.

Para industrialização, a alga é triturada até formar uma pasta que é colocada em moldes retangulares e seca para fabricação da "folha" de Nori, que é encontrada no mercado. No Brasil, embora a maior parte do produto consumido seja importada, temos seu processamento artesanal a partir de matéria-prima extraída da natureza.

rodófitas
(ALGAS VERMELHAS)

⦿ **Nome popular:** Pterocladiela
⦿ **Nome científico:** *Pterocladiella capillacea* (S.G. Gmelin) Santel. & Hommers

© Foto: Flávio Berchez

⊁ Características

Alga cilíndrica de cor vermelho-vinho intensa, com ramos terminais ligeiramente achatados, apresentando-se mais curtos progressivamente, o que lhe confere um aspecto triangular. Apresenta ciclo trifásico, com as fases esporofítica e gametofítica morfologicamente idênticas, e a fase carposporofítica identificável sobre o talo feminino como pequenas saliências visíveis a olho nu.

⊚Ambiente

Locais sombreados, em parede de rochas, fendas pouco iluminadas, ou em regiões sombreadas por árvores, do mediolitoral inferior ao infralitoral raso. Depende de uma agitação de ondas alta, porém indireta, e apresenta ampla distribuição geográfica.

⊙ Curiosidade

Fornece o ágar bacteriológico apropriado ao cultivo de microrganismos. Entre suas características diferenciais, estão maior dureza e brilho, maior neutralidade química e maior grau de histerese, que se refere à diferença entre suas temperaturas de gelificação (ao redor de 35 °C) e de solubilização (cerca de 85 °C).

No Brasil, as populações naturais são exploradas como matéria-prima para o Kanten, que nada mais é que a alga branqueada, da qual se extrai o ágar, usado então como gelatina alimentícia, mais dura e quebradiça que aquela à qual estamos acostumados.

Para extração de gelatina a partir da planta colhida na natureza, esta deve ser inicialmente limpa, lavada e seca ao sol. A seguir, uma porção equivalente a um **punhado** deve ser colocada em água fervente e misturada ao suco de meio limão por cerca de 30 minutos. Após esse tempo, a água, que deve ser filtrada, conterá a gelatina, podendo ser misturada a um suco e gelificando em temperatura ambiente.

rodófitas
(ALGAS VERMELHAS)

⦿ **Nome popular:** Asparagopsis
⦿ **Nome cientifico:** *Asparagopsis taxiformis* (Delile) Trevisan de Saint-Léon

© Foto: Ricardo Mazzaro

ꭍ Características

A fase gametofítica dessa alga é cilíndrica, ereta, com ramos laterais curtos dispostos verticiladamente. Esses ramos são de cor rosa cárnea, com porções rizomatosas densamente entrelaçadas.

A fase esporofítica do ciclo de vida tem morfologia completamente diferente, sendo constituída por tufos de filamentos curtos de cor vermelho vivo, com ramificação irregular.

◉ Ambiente

A fase gametofítica é encontrada aderida a rochas no limite inferior do mediolitoral, em pontos com agitação de ondas de média à alta e radiação solar alta. Já a fase esporofítica filamentosa é encontrada, principalmente, como epífita sobre outras algas, podendo ocorrer também diretamente sobre a rocha. É amplamente distribuída em águas tropicais e subtropicais.

◉ Curiosidade

Durante muito tempo, a fase esporofítica filamentosa do gênero foi considerada um gênero independente, denominado *Falkenbergia*. Por meio de estudos do ciclo de vida realizados em laboratório, descobriu-se que ambos eram fases alternantes do ciclo de vida da mesma planta. Seguindo critérios taxonômicos, foi mantido o nome mais antigo, *Asparagopsis*, que agora denomina ambas as gerações.

Esse mesmo processo ocorreu com muitas outras algas, das quais se conhecia bem a forma, mas se acreditava que pertenciam a gêneros ou espécies diferentes.

parte III Grupos animais

6 poríferos
(ESPONJAS-DO-MAR)

NATALIA PIRANI GHILARDI-LOPES

◉ **Filo Porifera** (do latim *porus* = poro + *ferre* = portador de)

São conhecidas cerca de 8 mil espécies de esponjas. A maioria é marinha, sendo que os adultos são sésseis e fixos. São encontradas em todos os mares e oceanos, das águas polares às tropicais, e ocorrem desde a zona costeira até profundidades de mais de 6.000 m.

A presença de tecidos dinâmicos e células **totipotentes** sugerem que as esponjas sejam uma forma intermediária entre as colônias e os indivíduos com tecidos e especializações celulares mais permanentes. O tamanho varia de alguns milímetros até mais de um metro em diâmetro e altura, e é bastante influenciado pelas condições ambientais e pela própria estrutura corpórea das diferentes espécies, sendo comum o **crescimento indeterminado**.

⮞ Estrutura do corpo

As esponjas podem possuir simetria radial, mas a maioria apresenta assimetria do corpo (Fig. 6.1). Não possuem órgãos verdadeiros, apenas um sistema de canais revestidos por células flageladas. Esse sistema de canais pode ser simples, como nas esponjas do tipo áscon, ou mais complexo, como nas do tipo sícon e lêucon.

Nas esponjas do tipo áscon, as mais simples, o corpo é formado por um cilindro oco preso ao substrato pela base. A superfície externa é revestida por uma camada de células denominada pinacoderme, com diversos poros, os chamados óstios. O espaço interno oco, denominado átrio ou espongiocele, é revestido pela coanoderme, formada pelos coanócitos (células flageladas com uma estrutura semelhante a um colarinho). A extremidade superior termina em uma abertura denominada ósculo.

A estrutura siconoide tem maior área de superfície interna, porém menor volume atrial, pois apresenta **evaginações** da coanoderme, denominadas câmaras coanocíticas, alternadas com **invaginações** da pinacoderme, denominadas canais inalantes. As câmaras coanocíticas e os canais inalantes são conectados entre si por pequenas aberturas chamadas prosópilas.

A estrutura leuconoide apresenta câmaras coanocíticas esféricas que se encontram na interseção dos canais inalantes e **exalantes**, e são conectadas a estes por meio das prosópilas e apópilas, respectivamente. Ósculos múltiplos e um átrio relativamente volumoso substituem o ósculo único das esponjas asconoides e siconoides.

O esqueleto, de grande importância na classificação das esponjas, é formado por fibras de colágeno, espículas calcárias e/ou espongina. O termo "esponja" (do latim *spongìa*) é comumente usado para designar os esqueletos de algumas espécies após a remoção da matriz proteica por **maceração** e lavagem. As esponjas não possuem sistema nervoso.

Porifera é considerado um grupo monofilético que apresenta como sinapomorfias os coanócitos, o sistema aquífero com poros externos, as espículas minerais e a alta mobilidade e totipotência das células.

Alimentação e excreção

Como as esponjas são sésseis, dependem da água para trazer o alimento que as manterá vivas e para levar os dejetos para fora de seu corpo. As esponjas alimentam-se por filtração, ou seja, a água do mar entra pelos poros e percorre o corpo pelo sistema de canais com células flageladas, e os nutrientes são absorvidos da água. Todas as células das esponjas podem ingerir partículas por fagocitose. Os dejetos são eliminados pelo(s) ósculo(s) juntamente com a água, e a eliminação dos excretas metabólicos, em grande parte amônia, também é feita por difusão.

Trocas gasosas e circulação

A difusão simples responde pelas trocas gasosas entre as células. A água que circula no sistema de canais leva consigo o oxigênio até as células para a respiração e o gás carbônico para fora do corpo das esponjas.

Reprodução

Com poucas exceções, as esponjas são **hermafroditas**. A reprodução pode ser assexuada ou sexuada. A assexuada ocorre por fragmentação, **brotamento** ou pela formação de **propágulos** de resistência chamados gêmulas, ao passo que a sexuada ocorre pela formação de gametas.

✤ Importância econômica

O esqueleto de várias espécies de esponjas é usado comercialmente para banho (geralmente as mais macias) ou para limpeza doméstica (as mais ásperas). Atualmente, a produção de esponjas sintéticas e o uso da bucha vegetal (proveniente da planta do gênero *Luffa*, da Família Cucurbitaceae) diminuiram muito a coleta de espécies de esponjas no ambiente natural. No Brasil, não se conhecem localidades com abundância de espécies de esponjas de interesse comercial, mas é possível que uma espongicultura fosse viável em nossa costa. Na medicina, as esponjas são importantes como fontes de substâncias com potencial antialérgico e anti-inflamatório, além de substâncias com atividade antiviral e antitumoral.

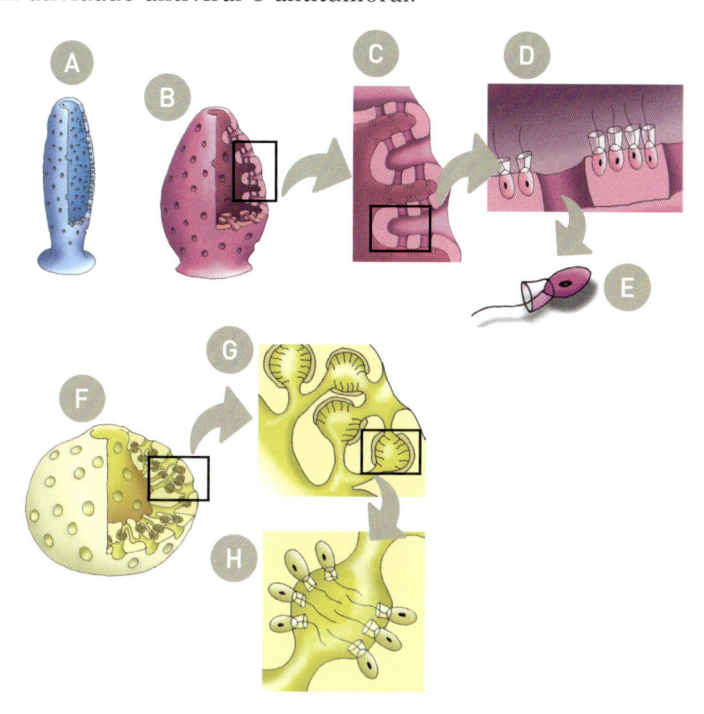

Figura 6.1 Complexidade estrutural das esponjas.
Ⓐ Esponja tipo áscon. Ⓑ Esponja tipo sícon. Ⓒ Detalhe da parede do corpo, mostrando as câmaras coanocíticas alternadas com canais inalantes, por onde entra a água. Ⓓ Detalhe da câmara coanocítica. Ⓔ Detalhe do coanócito. Ⓕ Esponja tipo lêucon. Ⓖ Detalhe da parede do corpo, mostrando as câmaras coanocíticas, canais inalantes e exalantes. Ⓗ Detalhe da câmara coanocítica.

poríferos
(ESPONJAS-DO-MAR)

- **Nome popular:** Esponja-laranja
- **Nome científico:** *Tedania ignis* (Duchassaing & Michelotti, 1864)

© Foto: Luiz Fernando Campos Furlan

❧ Características

Esponja do tipo lêucon, forma manchas de coloração entre laranja e avermelhada. Apresenta consistência macia, é compressível e facilmente removida do substrato, além de ser maciça e amorfa, com superfície de lisa à tuberculada, apresentando lobos de 1 a 2 cm de largura com ósculos nas extremidades.

◉ Ambiente

É encontrada no Caribe e no Brasil, sobre rochas ou nas cavidades ou grutas dos paredões rochosos, na região do mediolitoral. Prefere ambientes com hidrodinamismo intermediário e irradiância de baixa a intermediária.

⌕ Curiosidade

As esponjas dessa espécie podem causar **dermatite** e queimaduras quando em contato com a pele humana.

poríferos
(ESPONJAS-DO-MAR)

◉ **Nome popular:** Esponja-roxa
◉ **Nome cientifico:** *Mycale angulosa* (Duchassaing & Michelotti, 1864)

꙳ Características

Esponja do tipo lêucon, forma manchas de cores variadas (branca, amarela, roxa, marrom ou azul-escura). Apresenta consistência macia e rugosa, e tamanho variável, cobrindo completa e homogeneamente o substrato. Possui ósculos visíveis a olho nu, com 1 a 10 mm de diâmetro.

◉ Ambiente

É encontrada no Caribe e no Brasil (nos Estados do Ceará, Rio Grande do Norte, Pernambuco, Bahia, Rio de Janeiro e São Paulo), na face lateral das rochas, em ambientes com hidrodinamismo e irradiância variáveis e em profundidades de até 15 m.

◉ Curiosidade

As esponjas dessa espécie, bastante comum no litoral brasileiro, variam muito de coloração; em alguns casos, apresentam aspecto esbranquiçado.

poríferos
(ESPONJAS-DO-MAR)

◉ **Nome popular:** Esponja-verde
◉ **Nome científico:** *Amphimedon viridis* Duchassaing & Michelotti, 1864

⁇ Características

Essa esponja crostosa do tipo lêucon apresenta consistência macia e compressível. Forma manchas de coloração verde-clara constituídas por indivíduos agregados que cobrem completa e homogeneamente o substrato, ao qual se aderem fortemente. Possui até 8 cm de altura, apresentando ramificação maciça e rastejante, e, em alguns casos, com porções tubulares providas de ósculos evidentes em forma de vulcão, com 2 a 8 mm de diâmetro.

◉ Ambiente

É encontrada no Brasil, no Caribe e nos Estados Unidos, geralmente sobre rochas do infralitoral, entre 1 e 8 m de profundidade, principalmente nas faces protegidas e sombreadas ou em fendas. É comum em áreas com hidrodinamismo moderado e em águas com certo grau de **turbidez**.

⁇ Curiosidade

Por ser séssil e filtradora, a ocorrência dessa esponja é fortemente influenciada pela quantidade de material particulado, poluentes e matéria orgânica em suspensão na água, como no caso de Amphimedon viridis que prefere locais mais turvos. Outras espécies, entretanto, não toleram águas poluídas ou turvas. Essa espécie de esponja é, portanto, boa indicadora da qualidade da água, sendo indicada para monitoramento ambiental.

Essa esponja produz compostos com atividades antimitótica (que impede a mitose), antibacteriana, hemolítica (destruição de glóbulos vermelhos do sangue), hipoglicemiante (que reduz a glicemia ou concentração de glicose no sangue), ictiotóxica (tóxica para peixes), neurotóxica e antitumoral.

7 cnidários
(HIDRAS, MEDUSAS, ANÊMONAS E CORAIS)

Leticia Spelta

◉ **Filo Cnidaria** (do grego *Knidos* = irritante)

Filo anteriormente chamado Coelenterata – o qual incluía os cnidários e os ctenóforos – é constituído por mais de 9 mil espécies, entre elas anêmonas, corais, águas-vivas e hidras. A maioria das espécies é marinha, mas as hidras, por exemplo, são encontradas em ambientes de água doce. Vivem, principalmente, em regiões tropicais, mas também em águas subtropicais e temperadas, em diferentes ambientes, desde o mediolitoral até grandes profundidades. Podem viver solitariamente ou em colônias. O tamanho é variável, desde microscópicos até 2 m de diâmetro, e as colônias podem alcançar vários metros.

⋗ Estrutura do corpo

A simetria do corpo é radial, mas podem existir duas formas distintas: medusa e pólipo, importantes constituintes das comunidades planctônica e bentônica, respectivamente. Algumas espécies apresentam ambas as formas, dependendo da fase do ciclo de vida.

O corpo dos cnidários tem a forma de um saco e é constituído de uma cavidade digestiva (celêntero) envolta por uma parede. Possuem uma única abertura para o meio externo (boca) rodeada por tentáculos. O corpo é formado por três camadas de células: a epiderme, a gastroderme e a mesogleia – camada gelatinosa que fica entre as duas primeiras. Esta última camada tem função estrutural, auxiliando na manutenção da forma corpórea de pólipos e medusas (nestas também auxilia na flutuabilidade). O suporte do corpo dos pólipos é obtido por diferentes tipos de esqueleto nos diferentes grupos, podendo ser constituído de cutículas finas de periderme quitinosa, exoesqueleto calcário duro (corais), endoesqueletos (gorgônias), esqueletos hidrostáticos ou ainda esqueletos formados por matéria alóctone (grãos de areia ou fragmentos de conchas). O sistema nervoso dos cnidários é formado por um par de redes nervosas, uma na base da epiderme e outra na base da gastroderme, unidas por neurônios que atravessam a mesogleia. Os neurônios sensoriais são ligados aos neurônios motores, os quais ativam músculos ou cnidócitos. Cnidaria é considerado um grupo monofilético que apresenta como uma sinapomorfia o cnidócito, que é uma célula preenchida por fluido e que contém uma longa invaginação tubular de sua parede, a qual everte quando excitada, podendo ferir ou paralisar uma presa a partir da liberação de toxinas em seus tecidos ou apenas aderir à sua superfície. Além disso, apresenta larva do tipo plânula, musculatura longitudinal na ectoderme e circular na endoderme, gônadas endodérmicas, entre outras.

Alimentação

A maioria é carnívora. As presas são capturadas pelos tentáculos – que contêm cnidócitos –, levadas até a boca e, finalmente, ao celêntero, onde enzimas são liberadas pelas células enzimáticas da gastroderme e promovem a digestão extracelular. O material digerido é absorvido por células da gastroderme, e fragmentos grandes de alimento são fagocitados e digeridos intracelularmente. O material não digerível é misturado com muco em uma massa fecal e é eliminado pela boca. Os cnidários associados a algas mutualísticas (zooxantelas) recebem até 90% de seus nutrientes a partir dos produtos fotossintéticos dessas algas.

Trocas gasosas e excreção

Ocorrem por difusão. A circulação da água pelo corpo é promovida por células epidérmicas ciliadas, que facilitam as trocas gasosas, e o principal produto excretado é a amônia.

Reprodução

A reprodução pode ser assexuada ou sexuada. Os sexos podem ser separados ou os indivíduos podem ser hermafroditas, dependendo da espécie. Tanto pólipos quanto medusas reproduzem-se assexuadamente, entretanto, este tipo de reprodução é mais comumente encontrado nos pólipos. Essa forma de reprodução inclui brotamento, fragmentação ou fissão. No caso dos corais coloniais, os novos indivíduos formados por brotamento produzem um esqueleto calcário e permanecem fixos ao substrato, contribuindo para o crescimento da colônia. Em geral, os corais recifais só começam a produzir gametas quando atingem um determinado tamanho, que varia entre as espécies. O coral recifal brasileiro *Siderastrea stellata*, por exemplo, começa a produzir gametas quando as colônias atingem 1,8 cm de diâmetro, com cerca de 3 anos de idade.

Nas espécies que apresentam as duas formas de corpo, a fase de medusa é responsável pela reprodução sexuada, na qual machos e fêmeas liberam os gametas na água do mar. Na maioria das espécies o desenvolvimento é indireto: a larva, denominada plânula, pode durar algumas horas ou até 100 dias. Ao encontrar o local ideal, provavelmente sinalizado quimicamente, fixa-se ao substrato e sofre metamorfose, originando um pólipo que começa a se dividir em discos sobrepostos, os quais se destacam originando pequenas medusas.

✤ Importância ecológica e econômica

Têm-se estudado o potencial farmacêutico de substâncias extraídas de cnidários contra hipertensão e câncer. Grande porcentagem da produção de peixes, polvos, lulas e lagostas provém de áreas recifais – estruturadas por corais –, o que pode significar importante fonte de alimento e renda para populações costeiras, além de seu grande potencial turístico. Os recifes de coral são formados pelo acúmulo dos esqueletos de corais "cimentados" pelas algas coralináceas. Para sua formação, é necessária a atuação conjunta de uma infinidade de seres. Além das macroalgas e do fitoplâncton, os corais possuem uma relação simbiótica com algas fotossintetizantes, chamadas zooxantelas, resultando em uma alta produtividade, muitas vezes em águas **oligotróficas**.

Alguns cnidários são sensíveis às variações ambientais, por isso são reconhecidos como bioindicadores. Hidras expostas a substâncias tóxicas podem apresentar mudanças na estrutura corporal; a anêmona Bunodossoma caissarum indica a presença de hidrocarbonetos em locais aparentemente limpos; corais se desenvolvem menos quando há excesso de nutrientes na água. O aumento da temperatura das águas pode resultar no fenômeno conhecido como branqueamento de corais, que é resultado da perda das zooxantelas, que lhes dão sua coloração característica. Esse fenômeno também pode ser ocasionado por outros fatores de estresse, como radiações, exposição ao ar, excesso de água doce, sedimentação e diversos poluentes. As maiores ameaças aos recifes estão diretamente relacionadas ao desenvolvimento urbano da zona costeira, ao turismo de alto impacto, sobretudo nas áreas protegidas, à exploração de recursos naturais, incluindo a exploração de petróleo e gás, e à poluição.

cnidários
(HIDRAS, MEDUSAS, ANÊMONAS E CORAIS)

◉ **Nome popular:** Caravela-portuguesa
◉ **Nome científico:** *Physalia physalis* (Linnaeus, 1758)

© Foto: Valéria Flora Hadel

❧ Características

Este hidrozoário colonial, também conhecido como garrafa-azul, possui quatro tipos de pólipos: 1) um pneumatóforo, transformado em uma vesícula cheia de ar para flutuação; 2) os dactilozooides, que formam os tentáculos utilizados na captura do alimento; 3) os gastrozooides, que digerem o alimento; e 4) os gonozooides, que produzem os gametas para a reprodução. Os cnidócitos se encontram nos tentáculos, que podem chegar até a 16 m de comprimento, e conservam seu potencial urticante mesmo se o animal permanecer fora d'água por várias horas. Como são capazes apenas de contrair e distender os tentáculos, flutuam passivamente na superfície da água, sendo empurrados pelo vento. Os tentáculos permanecem submersos, esperando peixes para a alimentação.

◉ Ambiente

Apesar de oceânica, o vento e as correntes podem levar as caravelas-portuguesas para perto das praias em todas as regiões tropicais do planeta. No entanto, assim que se aproxima das águas rasas, este animal está condenado, pois o atrito dos tentáculos com o fundo destrói os tecidos, levando-o à morte.

◉ Curiosidade

Assim como as águas-vivas, constitui importante fonte de alimento para animais, como tartarugas marinhas, imunes à toxina dos cnidócitos. Pode ser confundida pelas tartarugas com um saco plástico, que flutua na coluna d'água por muitos anos em razão de sua baixa biodegradabilidade. Quando ingeridos, os sacos plásticos podem levar esse animal à morte por obstrução das vias respiratórias e/ou digestivas. Quase 300 espécies, incluindo baleias, pássaros, focas, tartarugas e peixes, já tiveram morte registrada por causa da ingestão de resíduos flutuantes.

cnidários
(HIDRAS, MEDUSAS, ANÊMONAS E CORAIS)

- **Nome popular:** Coral-cérebro
- **Nome científico:** *Mussismilia hispida* (Verrill, 1901)

© Foto: Ricardo Mazzaro

⋟ Características

As colônias formadas por essa espécie têm uma forma hemisférica baixa, com diâmetro máximo em torno de 40 cm. Os pólipos são arredondados, com cerca de 15 mm de diâmetro. O animal vivo tem uma coloração que varia entre cinza-claro, verde e azul, com meandros que lembram um cérebro humano, daí o nome popular.

◎ Ambiente

O coral-cérebro é endêmico do Brasil e, entre todas as espécies de coral brasileiras, é a que apresenta a maior distribuição geográfica ao longo da costa, ocorrendo desde a latitude de 3°S até a de 30°S, em locais com hidrodinamismo elevado.

Em geral, ocorre em águas rasas – que não ultrapassam 60 m de profundidade – quentes – com temperatura média superior a 20 °C – e claras.

◉ Curiosidade

O termo "coral" é usado para designar cnidários marinhos que possuem esqueleto calcário, como os ossos dos vertebrados, ou córneo, como as unhas e chifres. Os pólipos crescem através da sobreposição de camadas de carbonato de cálcio, com taxa de crescimento extremamente variável. Em geral, espécies que possuem colônias com morfologia ramificada crescem mais rápido do que as espécies com morfologia maciça. No Brasil, todas as 15 espécies de coral **escleractinios**, como é o caso do coral-cérebro, possuem morfologia maciça, ao contrário dos recifes da Austrália, em que os maiores representantes são ramificados. Isso pode indicar maior capacidade de recuperação dos recifes australianos em relação aos brasileiros. A espécie *Siderastrea stellata*, por exemplo, cresce apenas cerca de 5 mm por ano.

cnidários
(HIDRAS, MEDUSAS, ANÊMONAS E CORAIS)

◉ **Nome popular:** Carijoa
◉ **Nome científico:** *Carijoa riisei* (Duchassaing & Michelotti, 1860)

⸙ Características

Pertencente à subclasse Octocorallia, esse cnidário forma colônias eretas ramificadas, com eixos flexíveis contendo vários pólipos curtos laterais. Cada pólipo tem oito tentáculos que lembram flocos de neve. Os eixos são longos e podem apresentar ramificações. Possuem uma coloração bege, e quase sempre estão cobertos por esponjas e ascídias. Alimentam-se de zooplâncton e fitoplâncton capturados pelos tentáculos dos zooides que formam a colônia.

◎ Ambiente

Sua distribuição geográfica original restringia-se do Caribe ao sul do Brasil. No entanto, hoje é considerada uma espécie invasora em toda a região tropical do planeta, tendo sido transportada no casco de navios, ao qual adere com facilidade. É muito comum no litoral norte do Estado de São Paulo, principalmente em águas rasas, apesar de preferir ambientes com baixa irradiância.

No Havaí, em pleno Oceano Pacífico, foi encontrada, em 1976, em profundidades superiores a 100 m.

⚲ Curiosidade

O fundo do mar pode reservar boas novas para a pesquisa contra o câncer. Cientistas estão analisando extratos bioativos retirados de animais marinhos e descobriram que algumas substâncias atuam sobre células tumorais, impedindo sua reprodução. Um composto isolado de *Carijoa riisei* mostrou-se eficiente no combate ao câncer de cólon. Os testes estão em fase preliminar e ainda não se sabe como esse composto age em humanos.

cnidários
(HIDRAS, MEDUSAS, ANÊMONAS E CORAIS)

◉ **Nome popular:** Palitoa ou baba-de-boi
◉ **Nome cientifico:** *Palythoa caribaeorum*
(Duchassaing & Michelotti, 1860)

© Foto: Guilherme H. Pereira Filho

⁂ Características

Colônia de coloração de laranja a marrom, formada por antozoários coloniais e coberta por uma espessa camada de muco, que evita a dessecação durante a maré baixa, o que lhe confere o nome popular de "baba-de-boi". Apresenta simbiose com microalgas, as zooxantelas, que vivem no interior de seus tecidos, realizando fotossíntese e liberando nutrientes, compostos nitrogenados e fósforo, em troca do gás carbônico produzido pela colônia. Alimenta-se da matéria orgânica em suspensão na água do mar.

◉ Ambiente

Espécie endêmica do Brasil, ocorre em locais com diferentes graus de hidrodinamismo, entre 2 e 7 m de profundidade. É característica de ambientes de costões rochosos e recifes de coral, de águas rasas e claras, com alta penetração de luz. Vive em colônias que podem recobrir por inteiro uma rocha.

◉ Curiosidade

Apresenta um grande potencial farmacológico, por causa da ação analgésica do muco que a recobre, utilizado por pescadores no tratamento de ferimentos. Ao mesmo tempo, contém uma toxina chamada palitoxina, que possui um grau de toxicidade comparado ao da estricnina. Os havaianos chamam-na de "limu-make-o-Hana", a alga mortal de Hana, que é o nome do povoado de uma antiga lenda havaiana.

cnidários
(HIDRAS, MEDUSAS, ANÊMONAS E CORAIS)

- **Nome popular:** Anêmona
- **Nome cientifico:** *Bunodosoma caissarum* (Correa, 1964)

Foto: Luiz Fernando Campos Furlan

༡ Caracteristicas

É um animal extremamente simples: seu corpo possui forma de cilindro fechado, com uma das extremidades fixa ao substrato e a outra cercada por tentáculos, entre os quais está a boca. Pode estabelecer relações simbióticas com algas e, em geral, é predadora, alimentando-se do plâncton capturado pelos tentáculos. No entanto, é capaz de absorver nutrientes diretamente da água do mar.

◉Ambiente

Espécie endêmica do litoral brasileiro, vive no mediolitoral e infralitoral de costões rochosos, em regiões com baixo hidrodinamismo.

⦁◕ Curiosidade

O tempo de vida das anêmonas já foi calculado em mais de 300 anos. A dificuldade de uma reprodução bem-sucedida, que é compartilhada entre muitos animais marinhos, é biologicamente consistente com a vida longa. Algumas espécies de anêmonas podem nadar por curtos espaços utilizando os tentáculos e os movimentos do corpo, uma estratégia para escapar de predadores. Em geral, porém, o animal desliza lentamente sobre o substrato utilizando o disco basal, cobrindo alguns milímetros por dia. Pode, ainda, destacar-se completamente do substrato e rolar sobre ele, sendo carregado pela água a distâncias maiores.

As anêmonas possuem importância em estudos farmacológicos em virtude da produção de uma molécula chamada caissarona, que age em receptores presentes na área cerebral relacionada ao controle da digestão. Essa molécula poderá contribuir para a produção de medicamentos para distúrbios intestinais.

8 moluscos
(OSTRAS, MEXILHÕES, CARAMUJOS, POLVOS E LULAS)

Leticia Spelta

◉ Filo Mollusca (do latim *mollis* = mole)

Os moluscos apresentam aproximadamente 100 mil espécies atuais e 35 mil espécies extintas descritas, constituindo o segundo maior filo animal em diversidade, abaixo apenas dos artrópodes. Esse sucesso pode estar relacionado à extrema variabilidade do grupo, já que reúne animais com diversas formas e tamanhos (desde animais planctônicos e **intersticiais** com 2 mm até lulas gigantes com mais de 20 m), os mais ágeis e os mais lentos de todos os invertebrados de vida livre, além de animais com cérebro e órgãos sensoriais dos menos desenvolvidos até os mais inteligentes dos invertebrados. Podem ser encontrados em praticamente todos os ambientes do planeta, mas são principalmente marinhos, vivendo em profundidades variadas, desde o supralitoral até 7.000 m de profundidade. Incluem representantes de todos os hábitos alimentares e são organismos solitários. Alguns grupos de pesquisa colocam em dúvida a ancestralidade do filo, ao passo que outros apontam para uma origem comum com base em dados moleculares.

⚘ Estrutura do corpo

Por conta da grande variabilidade na estrutura corporal dos diferentes grupos de moluscos, eles costumam ser apresentados dentro de um plano corpóreo básico comum, o qual apresenta pequenas modificações dependendo do grupo. Esse "molusco generalizado" apresenta simetria bilateral, corpo achatado dorsiventralmente e de forma ovoide. O corpo é dividido em três partes: cabeça anterior, **massa visceral** dorsal e pé ventral achatado. Há ainda uma concha dorsal que protege as partes moles do ataque de predadores. Em alguns casos, a concha é secundariamente reduzida, coberta por tecido, ou perdida. Outras vezes, é ampliada a ponto de cobrir todo o corpo. Além de oferecer proteção, a concha pode constituir um mecanismo de flutuabilidade ou um órgão para escavação.

Sobre a massa visceral, a parede do corpo está modificada e forma o que se chama **manto**, característica única dos moluscos. O manto apresenta uma dobra periférica na região dorsal do corpo (aba do manto), a qual delimita a sua cavidade, contínua com a água do mar do entorno e que encerra os osfrádios (órgãos sensoriais), vários pares de brânquias, nefridióporos, ânus e gonóporos. O sistema digestório é constituído de região anterior (boca, cavidade bucal e faringe), mediana (esôfago, estômago, ceco digestivo e intestino) e posterior (reto e ânus). O sistema nervoso é constituído por um anel circum-esofágico e dois pares de cordões ganglionares longitudinais, algumas vezes altamente concentrados. Na lula gigante, esse sistema apresenta corpos celulares de até 1 mm de diâmetro, que facilitam o estudo e o progresso em diversas áreas de pesquisa.

Além do manto, são sinapomorfias dos moluscos: rádula, pé com músculos retratores, brânquias **bipectinadas** e sistema nervoso **tetraneuro**.

Alimentação

Podem ser herbívoros, carnívoros ou filtradores. O alimento pode ser capturado por tentáculos, palpos ciliados, brânquias ampliadas, braços com ventosas, dentes radulares desenvolvidos, entre outros. A rádula é essencialmente um órgão raspador ou perfurador que pode ser protraída de dentro da boca.

Trocas gasosas e excreção

Cílios impulsionam água entre os filamentos branquiais onde ocorrem as trocas gasosas. A circulação ocorre via hemolinfa em um **sistema sanguíneo aberto**. A hemolinfa percorre os vasos branquiais em sentido oposto ao fluxo de água (contracorrente), tornando mais eficiente a absorção do oxigênio. A excreção é realizada pelo complexo cardiorrenal, formado geralmente por um par de metanefrídios (rim) que, normalmente, tem forma de saco e é envolto por hemolinfa, com a qual troca materiais, e por uma conexão com a cavidade pericárdica (canal renopericardial). A urina primária flui do canal renopericardial para o nefrídio, de onde é secretada para o sangue, sendo que as toxinas e os resíduos são transportados para o rim, deixando-o via nefridióporo para a cavidade do manto.

❦ Reprodução

São tipicamente **dioicos**, mas alguns são hermafroditas, e os gametas são liberados na cavidade do manto. A fecundação pode ser externa (na água do mar) ou interna. Após a formação do zigoto ocorre **clivagem holoblástica espiral**.

O **desenvolvimento**, em geral, é **indireto**, e as larvas se dispersam por grandes distâncias. Após o desenvolvimento, a larva (estágios **trocófora** e **véliger**) afunda e sofre metamorfose, assumindo os hábitos bentônicos do adulto.

❖ Importância ecológica e econômica

Suas conchas, quando não passam a fazer parte de coleções, servem de abrigo para outros organismos, como os ermitões, além de fazer parte da reciclagem de nutrientes, como o cálcio. O cultivo de mexilhões e ostras em áreas costeiras tem sido considerado uma importante alternativa econômica e instrumento de gestão, possibilitando a manutenção do vínculo das populações tradicionais com o mar e, consequentemente, sua cultura.

moluscos
(OSTRAS, MEXILHÕES, CARAMUJOS, POLVOS E LULAS)

- **Nome popular:** Mexilhão
- **Nome cientifico:** *Perna perna* (Linnaeus, 1758)

Foto: Natalia Pirani Ghilardi-Lopes

꙳ Características

Bivalve bentônico com concha de formato variável, desde alargada até quase triangular. Pode alcançar até 7 cm de comprimento e apresentar cores que variam entre amarelo, marrom e verde. São filtradores, e suas principais fontes de alimentos são detritos orgânicos e plâncton.

◉ Ambiente

Abundante na zona do mediolitoral até 10 m de profundidade em costões rochosos de regiões tropicais e subtropicais do Oceano Atlântico (oeste da África, costa da América do Sul até o Caribe), onde as atividades pesqueira e marisqueira são exercidas tanto para comercialização como para consumo pela população ribeirinha.

⚲ Curiosidade

Constitui alimento muito nutritivo em virtude de seus altos teores proteico e vitamínico. Entretanto, a capacidade de **bioacumulação** faz com que seu consumo tenha alto risco em ambientes poluídos, já que podem transferir esses poluentes ao longo da **cadeia trófica**. Portanto, podem ser usados também como indicadores biológicos de poluição.

Até a década de 1970, as colônias de mexilhões eram exploradas desordenadamente, prejudicando a regeneração dos bancos naturais. A partir da década de 1990, ocorreu um incremento no cultivo e, em 2000, o Brasil alcançou o segundo lugar na América.

Atualmente, a espécie compete por espaço e alimento com um bivalve exótico, *Isognomon bicolor*, que foi introduzido no Brasil provavelmente pela **água de lastro** ou pelos cascos de navios. Esse é um problema ambiental sério que vem sendo discutido; o Brasil foi um dos primeiros países a assinar a Convenção Internacional sobre Controle e Gestão da Água de Lastro.

moluscos
(OSTRAS, MEXILHÕES, CARAMUJOS, POLVOS E LULAS)

- **Nome popular:** Isognomom
- **Nome cientifico:** *Isognomon bicolor* (C. B. Adams, 1845)

⤷ Características

Molusco bivalve séssil, **bissado**, **suspensívoro**, de concha irregular e coloração branca-acinzentada. Apresenta, no interior de sua concha, uma região **nacarada** de cor perolada. Indivíduos da espécie variam em tamanho (de 0,5 a 40 mm), sendo que um adulto é menor do que os grandes bivalves.

◉ Ambiente

Espécie exótica, nativa do Caribe, ocorre em diversos Estados brasileiros, desde o Rio Grande do Norte até Santa Catarina. Vive em altas densidades, competindo por espaço e impedindo a fixação de muitas espécies nativas que usualmente ocupam o mediolitoral, como *Perna perna* e espécies dos gêneros *Brachidontes*, *Crassostrea*, *Amphiroa* e *Jania*. Normalmente, apresenta-se bastante epifitado por outros organismos.

É encontrado em poças de maré no supralitoral até 7 m de profundidade no infralitoral, e nos costões amplos no mediolitoral, banhados por ondas de baixo impacto.

◉ Curiosidade

Invadiu a região do mediolitoral ao longo de grande parte da costa brasileira há cerca de três décadas, provavelmente pela água de lastro ou dos cascos de navios.

No novo ambiente, as espécies invasoras de rápido crescimento geralmente estão livres de inimigos naturais que controlariam sua abundância. O resultado é uma densidade populacional extremamente alta dessas espécies no novo ambiente, tornando-se uma ameaça ao equilíbrio do ecossistema local. Ainda são imprevisíveis os prejuízos de ordem biológica, econômica e social que resultarão da sua competição com bivalves nativos, como o mexilhão *Perna perna*, importante recurso para populações ribeirinhas de baixa renda. Sua exploração econômica é pouco provável, por causa da pequena quantidade de carne que possui.

moluscos
(OSTRAS, MEXILHÕES, CARAMUJOS, POLVOS E LULAS)

◉ **Nome popular:** Mexilhão-miúdo ou mexilhão-dos-tolos
◉ **Nome científico:** *Brachidontes solisianus* (d'Orbigny, 1846)

⁇ Características

Bivalve bentônico, conhecido também como mexilhão-dos-tolos, porque algumas pessoas os confundem com o *Perna perna* e tentam cultivá-lo. Entretanto, os adultos dessa espécie são pequenos (de 2 a 4 cm) e não possuem valor comercial. A utilização da forma da concha como característica para separar mitilídeos é questionável, pois suas conchas possuem grande plasticidade, podendo apresentar variações morfológicas por causa das influências ambientais. Fixa-se pelo bisso ao substrato rochoso, formando aglomerados de centenas de indivíduos.

⁇Ambiente

Vive na zona do mediolitoral de enseadas e baías, formando uma faixa de até 50 cm de altura. Aparece do México ao Uruguai, sendo frequente em substratos rochosos de estuários do litoral do Estado de São Paulo, onde compartilham áreas em comum com populações de *Brachidontes darwinianus*, espécie que exibe caracteres **conquiológicos** muito semelhantes.

⁇ Curiosidade

A distribuição vertical das duas espécies (*B. solisianus* e *B. darwinianus*) é determinada pela maior resistência à exposição ao ar de *B. solisianus*, pois esta sofreu adaptações ao metabolismo anaeróbico, o que permite que ela ocupe os níveis superiores de maré. Porém, isso resulta em uma limitação do crescimento por causa do menor tempo disponível dentro da água. A distribuição horizontal segue um gradiente de salinidade, sendo que *B. solisianus* prefere salinidades mais altas.

moluscos
(OSTRAS, MEXILHÕES, CARAMUJOS, POLVOS E LULAS)

◉ **Nome popular:** Caramujo ou lambe-pau
◉ **Nome cientifico:** *Littoraria flava* (King & Broderip, 1832) e *Echinolittorina lineolata* (d'Orbigny, 1840)

⤳ Características

Moluscos gastrópodes móveis. Espécies com concha pequena, entre 1 e 7 mm. *L. flava* apresenta concha branca e *E. lineolata* apresenta concha listrada preta e branca em sua base.

◎ Ambiente

São característicos da região supralitoral e mediolitoral superior, em ambientes tropicais de todo o mundo. Na maré baixa, abrigam-se no interior de sua concha por intermédio do opérculo, fixando o lábio da concha ao substrato por meio de muco. Na maré alta, emergem para raspar delicadas algas, incluindo formas **endoliticas** que penetram logo abaixo da superfície.

◎ Curiosidade

Os rigores da zona do mediolitoral e a variação das condições físicas são os fatores responsáveis pelas diferentes adaptações morfológicas dos gastrópodes intertidais. Conchas de cristas mais pronunciadas e mais espaçadas podem ser mais fortes e, por isso, aparecem mais em ambientes expostos. A ornamentação, abertura alongada e espira baixa são adaptações que reduzem o sucesso dos ataques de predadores, principalmente caranguejos e aves. A classe Gastropoda é o grupo que possui a maior **radiação adaptativa** entre os moluscos. Essa característica permitiu o surgimento de várias formas de alimentação e, com elas, diversas estratégias de captura e processamento do alimento.

moluscos
(OSTRAS, MEXILHÕES, CARAMUJOS, POLVOS E LULAS)

◉ **Nome popular:** Polvo
◉ **Nome científico:** *Octopus vulgaris* (Cuvier, 1797)

© Foto: Paula E Ricardo Mantovanini

⋗ Características

Cefalópode que não apresenta concha e possui uma cabeça com olhos bem desenvolvidos, rodeada por coroa de tentáculos com ventosas com função de capturar alimentos. É capaz de um aprendizado rápido. Em geral, possui hábito noturno, é solitário e territorialista. Alimenta-se de poliquetas, crustáceos, moluscos e peixes, e é presa de aves marinhas e cetáceos. A postura de ovos (de 120 mil a 400 mil ovos) ocorre próximo à costa, e estes são protegidos e oxigenados pela fêmea por até 45 dias antes da eclosão. Nesse período, ela quase não se alimenta, e muitas morrem após a eclosão das larvas.

Ambiente

Cosmopolita, habita águas tropicais, subtropicais e temperadas. A maior parte das populações concentra-se na plataforma continental até 100, 150 m de profundidade sobre fundos arenosos, cascalho ou rocha. Os filhotes passam de três a cinco semanas dispersos no plâncton até a fase juvenil, quando então se agregam ao fundo.

Curiosidade

O sistema de propulsão (jato-propulsão) é em forma de funil, uma modificação do pé dos demais moluscos. Possuem uma bolsa na qual formam um líquido escuro que pode ser lançado quando se sente ameaçado, formando uma nuvem à sua volta, que lhes serve como proteção contra os predadores. A pele contém células pigmentadas, chamadas cromatóforos, que mudam de cor, gerando efeitos de comunicação e camuflagem. Existem espécies que possuem uma substância venenosa poderosa, que pode matar um homem adulto em até dois minutos, mas estas não ocorrem em águas brasileiras.

Das espécies de polvos das regiões Sudeste e Sul do país, a mais comum representa cerca de 90% das capturas comerciais. Em geral, essas capturas ocorrem nas embarcações de arrasto de portas que buscam primordialmente a captura de camarão-rosa. Paralela a essa, uma incipiente captura, realizada pela pesca submarina realizada nos costões e nas ilhas, vem sendo documentada.

9 poliquetas
(VERMES TUBÍCOLAS, VERMES--DE-AREIA, VERMES-DE-ESCAMAS, VERMES-GATO, ETC.)

Peterson Lásaro Lopes

◉ **Classe Polychaeta** (do grego *polús* = muitas + *khaít* = cerdas)

A classe dos poliquetas possui mais de 8 mil espécies descritas, o que representa cerca de dois terços do montante conhecido do Filo Annelida, os anelídeos. Compõe um grupo antigo, de hábitos muito plásticos; possivelmente existem há mais de 500 milhões de anos, com espécies **cursoriais**, **pelágicas**, **fossoriais** e **tubícolas** (sendo que algumas se enquadram em mais de uma categoria). São encontrados no mundo todo, quase exclusivamente em ambientes aquáticos, principalmente marinhos, em profundidades variáveis, desde o mediolitoral até 5.000 m. São solitários ou coloniais, e o tamanho dos indivíduos varia de 2 mm até 3 m de comprimento.

⸙ Estrutura do corpo

Apresentam simetria bilateral e seu corpo – tipicamente revestido por cutícula de colágeno – apresenta formato quase cilíndrico e tubular, sendo que o **celoma** possui, dentre outras funções comuns, a de atuar como um esqueleto hidrostático, garantindo maior eficiência locomotora. Como nos demais anelídeos, o corpo é segmentado e, portanto, quase todas as estruturas presentes em um segmento estão repetidas nos demais, tais quais as projeções laterais, chamadas parapódios. Os parapódios comportam a maioria das muitas cerdas presentes no corpo dos poliquetas e assumem várias funções, às vezes no mesmo organismo, como rastejamento, natação, ancoragem e movimentação em tubos, e respiração.

Em muitas espécies pode ser reconhecida uma cabeça com olhos e projeções sensoriais, como tentáculos e antenas, bem como uma divisão funcional do tronco em tórax e abdome a partir dos grupos de segmentos.

A construção de tubos proteicos (frequentemente com associação de fragmentos externos) é muito comum entre os poliquetas. Esses tubos têm também as mais variadas funções: proteção, auxílio à respiração em ambientes alagados (para aqueles que não apresentam adaptações para viverem submersos), alimentação, adesão ao substrato, formação de colônias, etc.

O tubo digestivo é completo, composto por boca, faringe (bombeamento do alimento), esôfago (condução do alimento por batimento ciliar), estômago (digestão), intestino (reabsorção) e ânus.

O sistema nervoso é constituído de um cérebro anterior dorsal e um par de cordões nervosos ventrais, que se estendem ao longo do corpo e apresentam gânglios em cada segmento, unidos entre si por um nervo transversal, semelhante à figura de uma "escada de mão". Gânglios pedais geralmente estão associados às cordas nervosas segmentares nas bases dos parapódios.

Os poliquetas formam um grupo monofilético, cujas sinapomorfias são: parapódios, **órgãos nucais**, **gânglios podais** e par de **cirros pigidiais**.

Alimentação

O estilo de vida é determinante para o comportamento alimentar dos poliquetas. Os carnívoros, os herbívoros e os carniceiros possuem faringe protrátil, com mandíbulas endurecidas; alguns detritívoros capturam o alimento diretamente com a boca ou com a faringe, também protrátil, ao passo que outros possuem tentáculos coletores; e os suspensívoros, sempre tubícolas, filtram a água por meio de apêndices com cerdas ou com uma rede de muco.

A eliminação das fezes pode ser feita por jato-propulsão, pelos cílios, pela superfície corporal, ou, ainda, por aglutinação nos tubos ou nas galerias. Algumas espécies vivem com o corpo retorcido ou de cabeça para baixo, enquanto outras constroem tubos sinuosos ou escavam galerias curvas a fim de evitar o acúmulo fecal nas cavidades em que vivem.

Trocas gasosas e excreção

As trocas gasosas, assim como nos demais anelídeos, são cutâneas. Entretanto, em espécies de maior tamanho ou tubícolas existem brânquias (geralmente nos parapódios), expansões de cutícula muito finas que facilitam a difusão. Nesses casos, a circulação de água para as trocas gasosas tem origem ciliar ou mesmo muscular, quando as brânquias são grandes e ramificadas. O transporte interno de gases é aprimorado por um **sistema sanguíneo fechado** e pelo celoma, que transportam o fluido corporal através dos segmentos. A hemoglobina é o pigmento respiratório principal mais comum.

A excreção, na maioria das espécies de poliquetas, é feita através dos metanefrídios; nas que não possuem **sistema hemal** complexo, entretanto, ocorre por protonefrídios.

Os metanefrídios possuem um nefróstoma (estrutura em forma de funil) em sua abertura interna. O batimento ciliar do metanefrídio conduz o sangue pré-filtrado por um túbulo nefridial frequentemente muito enovelado (responsável pela reabsorção de água e partículas necessárias), até o nefridióporo, poro na parede corporal por onde os compostos nitrogenados (principalmente a amônia) são descartados no meio externo.

Reprodução

As espécies com capacidade de regeneração elevada podem reproduzir-se assexuadamente por fragmentação múltipla, e quase todos são dioicos. A produção dos gametas é feita nas paredes internas do corpo, e sua maturação se dá no celoma, sendo que sua liberação para o meio externo pode ocorrer por meio dos nefridióporos, pela parede do corpo, etc. A fecundação é geralmente externa, e em alguns casos ocorre o fenômeno da epitoquia, no qual indivíduos repletos de gametas surgem conjuntamente e liberam quantidades enormes deles, aumentando drasticamente a chance de fecundação. Os ovos não têm muito vitelo e são **telolécitos**.

O desenvolvimento é indireto, com um estágio larval intermediário (a larva é do tipo trocófora). Após a formação do zigoto, ocorre **clivagem holoblástica espiral** e formação **esquizocélica** do celoma. O crescimento é **teloblástico**.

Importância ecológica e econômica

Seu valor econômico é muitas vezes subestimado. Sabe-se que têm papel fundamental na estruturação da cadeia alimentar de comunidades oceânicas, principalmente das bentônicas, constituindo alimento para muitos peixes, crustáceos, moluscos e outros animais; além disso, desempenham importante função na revolução do substrato, contribuindo muito para a redisposição de nutrientes no meio e para a proliferação de microrganismos. Finalmente, atuam diretamente na decomposição e na filtragem do material orgânico marinho, contribuindo de modo determinante para o aumento da produtividade nesses ambientes.

poliquetas
(VERMES TUBÍCOLAS, VERMES-
-DE-AREIA, VERMES-DE-
ESCAMAS, VERMES-GATO, ETC.)

◉ **Nome popular:** Fragmatopoma
◉ **Nome científico:** *Phragmatopoma* sp.

© Foto: Natalia Pirani Ghilardi-Lopes

⸙ Caracteristicas

As espécies de Fragmatopoma medem por volta de 2 cm, são sésseis e filtradoras. Ficam envoltas por tubos compostos por grãos de areia, quebradiços ao toque, com 0,5 a 1 cm de diâmetro. Os indivíduos aglomeram-se em colônias que recobrem grandes áreas dos costões rochosos.

⊚ Ambiente

São encontradas em toda a costa americana, no mediolitoral ou no infralitoral raso, em locais com movimentação moderada da água. Os tubos de areia que constroem em substratos consolidados formam montículos que facilitam a vida de outros organismos no local.

⊚ Curiosidade

As larvas planctônicas levam de 2 a 20 semanas para atingirem a idade adulta, quando se fixam no substrato – de onde não saem durante toda a vida (de um a dois anos).

Ainda hoje não se sabe muito bem quantas espécies existem na costa brasileira (tradicionalmente se aceita *P. caudata* como a espécie mais comum).

10 crustáceos
(CAMARÕES, LAGOSTAS, SIRIS, CARANGUEJOS, CRACAS, ETC.)

Valéria Flora Hadel

◉ Subfilo Crustacea (do latim *crusta* = concha)

Existem cerca de 30 mil espécies de crustáceos terrestres, marinhos e de água doce. Ocorrem em todos os mares e oceanos, desde a zona do mediolitoral até as maiores profundidades, e em todas as latitudes, dos trópicos aos polos. São solitários, e o tamanho dos indivíduos é variável, desde menos de 1 mm de comprimento até 4 m de envergadura.

⁊ Estrutura do corpo

Os crustáceos diferem dos outros membros do Filo Arthropoda por possuírem dois pares de antenas **birremes**. O corpo é dividido em cabeça, tórax e abdome, subdivididos em segmentos que variam de 16 a mais de 60, dependendo da espécie. Em alguns, a cabeça e o tórax fundem-se em uma estrutura única denominada cefalotórax. São cobertos por uma carapaça rígida formada por quitina, proteína e material calcário. Essa carapaça é mais fina e flexível nas articulações, o que faz com que o animal se locomova com agilidade. A carapaça é descartada no período da muda, ou ecdise, para que o animal possa crescer. Após a muda, uma nova carapaça protetora maior é secretada pela pele.

A maioria possui olhos compostos formados por **omatídeos**. Em geral, cada segmento possui um par de apêndices com funções especializadas para capturar o alimento, mastigar, caminhar ou nadar: antenas, **antênulas**, **maxilas**, **maxilipedes**, **quelipedes**, **pereópodos**, **pleópodos** e **urópodos**.

O tubo digestivo é dividido em anterior (esôfago e estômago), mediano (cecos digestivos) e posterior, abrindo-se no ânus localizado na base do **télson**.

O sistema nervoso é semelhante ao dos anelídeos, com um cérebro, um anel nervoso ao redor da faringe e um par de cordões nervosos ventrais, contendo gânglios em cada segmento.

Algumas sinapomorfias do grupo são: apêndices birremes, segundo segmento da cabeça com antenas, cabeça com cinco pares de apêndices e larva náuplio.

Alimentação

Algumas espécies, como as cracas, alimentam-se de plâncton, bactérias e partículas em suspensão na água do mar. Para tanto, utilizam apêndices modificados com fileiras de cerdas, as quais geram correntes de água que trazem o alimento até o animal. As espécies predadoras alimentam-se de outros invertebrados marinhos e peixes, e os detritívoros alimentam-se de material vegetal e animal em decomposição. Existem, ainda, espécies parasitas. De modo geral, o alimento é capturado e triturado pelos maxilípedes e quelípedes. A mandíbula e as maxilas atuam na ingestão do alimento.

Trocas gasosas e excreção

A respiração ocorre por meio de difusão pela parede do corpo nas espécies menores ou nas áreas mais finas da carapaça. As espécies maiores possuem brânquias, projeções ramificadas e revestidas por uma fina cutícula. Algumas espécies possuem cavidades branquiais. A excreção ocorre por meio de órgãos antenais ou maxilares. Uma vesícula, ou saco terminal, e uma estrutura denominada labirinto conectam-se a um túbulo renal, que leva a uma bexiga que se abre para o meio externo. Nas espécies marinhas, o fígado atua na regulação da concentração de sais da urina e do sangue. A circulação ocorre em seios abertos, ou hemoceles, e o sangue, ou hemolinfa, é bombeado por um coração dorsal.

Reprodução

Em geral, os sexos são separados. A maioria das espécies, como as cracas, incuba os ovos em câmaras incubadoras, ao passo que outras, como os caranguejos e siris, carregam os ovos e os jovens nas pernas abdominais. A maioria possui desenvolvimento indireto, com vários estágios larvais, passando por sucessivas metamorfoses até o adulto. Alguns eliminam os gametas na água, e ovos e larvas desenvolvem-se no plâncton. Em outras espécies, a fecundação é interna, ocorrendo cópula, e as larvas saem do corpo da mãe em um estágio de desenvolvimento mais avançado.

❖ Importância ecológica e econômica

Os crustáceos possuem importância econômica indiscutível na alimentação humana. Diversas espécies marinhas de camarões, lagostas, siris e caranguejos são explorados na indústria pesqueira, sendo que algumas correm sérios riscos de extinção por conta da sobrepesca. As cracas que aderem aos cascos dos navios, aos portos e às tubulações submarinas têm de ser periodicamente removidas em operações de custo elevado.

crustáceos
(CAMARÕES, LAGOSTAS, SIRIS, CARANGUEJOS, CRACAS, ENTRE OUTROS)

◉ **Nome popular:** Barata-da-praia ou baratinha-da-praia
◉ **Nome cientifico:** *Ligia oceanica* (Linnaeus, 1767)

꙳ Características

Crustáceo do grupo dos isópodes. O corpo tem forma oval, é achatado **dorsoventralmente**, duas vezes mais longo do que largo e pode chegar a 3 cm de comprimento. Possuem sete pares de pernas locomotoras de tamanho semelhante, grandes olhos compostos e antenas que ajudam a localizar o alimento e a fugir dos predadores. Alimentam-se principalmente de algas e detritos de origem animal e vegetal, desempenhando um importante papel ecológico ao remover os detritos do ambiente e repor essa matéria orgânica nas cadeias alimentares costeiras.

Ambiente

Vive em águas tropicais e temperadas. Ocorre apenas nas áreas mais úmidas da região do mediolitoral e supralitoral, nos costões rochosos e poças de marés, onde é encontrada sobre ou sob as rochas e nas fendas entre elas. Entretanto, não ficam submersas; acompanham o movimento de subida e descida das marés. Pode ser encontrada, ainda, em ancoradouros, quebra-mares, ou qualquer estrutura construída à beira-mar.

Curiosidade

Apesar de ocorrerem apenas próximo ao mar, as baratas-da-praia pertencem ao mesmo grupo de crustáceos terrestres que inclui os tatuzinhos-de-jardim. Elas respiram o oxigênio retirado do ar e se afogam se forem submersas. Durante o dia, a cor desses animais varia do cinza-escuro ao verde-oliva. À noite, porém, a coloração da carapaça muda e assume tons esbranquiçados. Vivem de dois anos e meio a três anos e começam a se reproduzir apenas aos dois anos de idade. A fêmea carrega os ovos em uma bolsa, ou marsúpio, até que nasçam os filhotes; a maioria se reproduz apenas uma vez na vida. As baratas-da-praia são muito ágeis e podem dar 16 passos por segundo.

crustáceos
(CAMARÕES, LAGOSTAS, SIRIS, CARANGUEJOS, CRACAS, ENTRE OUTROS)

⦿ **Nome popular:** Caranguejo
⦿ **Nome cientifico:** *Pachygrapsus transversus* (Gibbes, 1850)

Foto: Guilherme H. Pereira Filho

⤷ Características

Um dos crustáceos decápodes mais comuns do Sudeste brasileiro. Possui duas pinças ou quelas grandes no primeiro par de pernas locomotoras, utilizadas para capturar o alimento e para defesa contra predadores. É onívoro e alimenta-se tanto de animais quanto de algas e detritos em decomposição. Afasta agressivamente outros caranguejos da mesma espécie quando está se alimentando (é territorial). Pode chegar a 25 mm de comprimento na maior largura da carapaça.

◉ Ambiente

Apresenta ampla distribuição geográfica (Atlântico Ocidental, Mediterrâneo e Pacífico Oriental) e é encontrado na região mediolitoral dos costões rochosos e manguezais, onde exploram ativamente o substrato em busca de alimento. Os jovens refugiam-se nos bancos de mexilhões e entre as galerias dos poliquetos, ao passo que os adultos aventuram-se nas rochas mais expostas, procurando refúgio debaixo delas e nas fendas.

◉ Curiosidade

A reprodução ocorre principalmente no verão, mas os jovens aparecem apenas no outono e no inverno, indicando um longo período de desenvolvimento larval.

No abdome da fêmea há uma placa muito mais larga do que no macho, pois é debaixo dessa estrutura que ela carrega os ovos. É fácil separar os siris dos caranguejos, pois os caranguejos possuem todas as pernas locomotoras iguais, terminando em uma ponta, adaptadas para caminhar na areia e nas rochas. Nos siris, o último par de pernas locomotoras é achatado, em forma de remo, e serve para nadar. Como todos os crustáceos, os caranguejos são revestidos por uma carapaça rígida, e, para crescer, eles têm de se livrar dessa armadura e produzir outra para acomodar o corpo que cresceu. Os crustáceos crescem durante toda a vida.

crustáceos
(CAMARÕES, LAGOSTAS, SIRIS, CARANGUEJOS, CRACAS, ENTRE OUTROS)

◉ **Nome popular:** Craca
◉ **Nome científico:** *Chthamalus stellatus* (Poli, 1791) e *Chthamalus bisinuatus* Pilsbry, 1916

© Foto: Ricardo Mazzaro

⸙ Características

Crustáceo muito modificado; sua carapaça recobre todo o animal, que permanece fixo ao substrato por toda a vida. Assim, depende da água do mar para obter alimentos e oxigênio, e da água que acumula no interior da carapaça, que se fecha firmemente nas marés baixas para evitar a dessecação. As cracas não lançam os gametas na água do mar. Os indivíduos machos possuem um pênis altamente extensível capaz de vasculhar as imediações à procura de um parceiro, e os gametas são liberados no interior da carapaça das fêmeas, onde os óvulos são fertilizados. As larvas nadam no plâncton até se fixarem ao substrato e darem origem a um novo adulto.

◉ Ambiente

Do limite superior do mediolitoral até o infralitoral raso. É capaz de viver em ambientes nos costões rochosos batidos pelas ondas, por estar firmemente aderida ao substrato por uma substância adesiva que ela mesma produz, mas é encontrada também em ambientes de águas calmas.

⊙ Curiosidade

Podemos encontrar cracas aderidas a rochas, aos costões rochosos, a troncos de árvores e em manguezais, mas elas podem se fixar também em animais, como baleias, moluscos (em suas conchas) e outros crustáceos (na carapaça). Costumam fixar-se, ainda, em cascos de navios e barcos, atrapalhando a navegação, pois diminuem a velocidade da embarcação por causa do maior atrito com a água do mar. Da mesma forma, as tubulações de esgoto doméstico e industrial têm suas paredes cobertas por cracas, que diminuem o volume interno destes. As cracas são um dos animais mais abundantes nos costões rochosos, e servem de alimento para muitos moluscos carnívoros que dependem delas para sobreviver.

crustáceos
(CAMARÕES, LAGOSTAS, SIRIS, CARANGUEJOS, CRACAS, ENTRE OUTROS)

◉ **Nome popular:** Maria-farinha
◉ **Nome científico:** *Ocypode quadrata* (Fabricius, 1787)

© Foto: Luiz Fernando Campos Furlan

ꟾ Características

A carapaça é retangular, podendo chegar a 5 cm de largura, e sua cor é branco-amarelada. Possui dois grandes olhos negros que lhe permitem uma visão de 360° ao redor do corpo, mas, para ver o que está acima dele, precisa inclinar-se para trás, o que a torna vulnerável à predação por aves. Alimenta-se de insetos, pequenos invertebrados e de detritos, desempenhando um importante papel nas cadeias alimentares litorâneas. Reproduz-se ao longo de todo o ano, mas, se a temperatura cair abaixo de 16 °C, permanecem inativos no interior das galerias.

Ambiente

É encontrada desde a costa leste dos Estados Unidos até o sul do Brasil. Apesar de não ser originalmente de costões rochosos, essa espécie está sendo tratada aqui por ser facilmente encontrada em visitas a esse ambiente, nas praias arenosas adjacentes, onde cavam suas tocas acima da linha da maré alta, em um ângulo de cerca de 45° em relação à superfície da praia. A abertura dessas galerias pode chegar a 5 cm, e a profundidade a 1,2 m. Os jovens cavam mais perto da linha d'água, onde a areia é mais úmida, ao passo que os adultos ocupam a faixa mais próxima da vegetação.

Curiosidade

É conhecida por outros nomes populares, dependendo da região do Brasil: aguarauçá, cabeleireiro, caranguejo-fantasma, espia-maré, grauçá, guaruçá, guruçá, cerca-maré e vaza-maré. São mais ativos à noite. Nesse período, perambulam pela praia, chegando a entrar na água do mar. Quando assustados, podem correr na areia a até 16 km/h. É utilizada como indicador de impacto ambiental, pois desaparece das praias poluídas e muito frequentadas por turistas. Os machos podem se enfrentar em um ritual complexo de demonstração de força, mas raramente entram em contato um com o outro.

11 briozoários ou ectoproctos
(ANIMAIS-MUSGO)

Henrique Lauand Ribeiro

⦿ Filo Ectoprocta (do latim *ecto* = externo + *procto* = ânus)

Os briozoários são animais invertebrados predominantemente marinhos e possuem uma diversidade de aproximadamente 5,5 mil espécies. Dentre elas, apenas 50 são habitantes de água doce. A maioria das espécies é cosmopolita e ocupa uma grande variedade de hábitats em diferentes ecossistemas, desde o mediolitoral até pelo menos 20 m de profundidade. Esses organismos, em geral, vivem afixados em rochas ou substratos duros nos fundos de rios, lagos e mar.

Outra característica geral do grupo consiste no fato de os indivíduos formarem colônias; apenas um gênero é de vida solitária. O aspecto visual dessas colônias assemelha-se muito à estrutura das plantas, com formas arborescentes, incrustantes e foliáceas na mesma escala de tamanho das briófitas (por isso o nome popular de animais-musgo). Podem também ser confundidos com os corais (Filo Cnidaria) por causa da sua estrutura arborescente e também quando apresentam coloração aposemática, ou seja, cores berrantes, como alaranjado intenso.

༳ Estrutura do corpo

As unidades que compõem a colônia chamam-se zooides e, de forma geral, apresentam cerca de 0,5 mm de comprimento, por isso, muitas vezes, parece que é apenas um indivíduo, pois a escala de tamanho passa despercebida aos olhos não treinados. O zooide pode ter três formatos: tubular, oval ou prisma retangular. Ele possui uma estrutura anatômica denominada lofóforo, que circunda a boca do indivíduo e possui tentáculos ciliados ocos. O lofóforo já foi utilizado como característica para denominar o nome do grupo, que antigamente era conhecido como Lophophorata. Na epiderme desses animais ocorre a secreção de algum tipo de material (proteico, quitinoso ou carbonático) e esse acúmulo de secreção compõe o esqueleto externo de cada zooide, que em conjunto forma a estrutura de aspecto rígido ou quebradiço da colônia. O esqueleto de cada zooide é chamado de zoécio (= casa do animal). O zoécio envolve e protege o animal e tem orifícios que permitem a extensão dos lofóforos. Em muitas das espécies marinhas o zoécio possui uma tampa articulada conhecida como opérculo, cuja abertura permite a saída do lofóforo para captura de alimento, carregando-o para a boca do animal, situada no centro do lofóforo. O alimento passa da boca para a faringe, e desta para o estômago (dividido em três compartimentos), no qual ocorre a digestão intra e extracelular. Em seguida, o material não digerido é transportado para o intestino reto e, finalmente, para o ânus. O ânus do zooide está localizado na superfície dorsal, do lado de fora do lofóforo, evitando a autoingestão de material catabolizado pelo organismo. Em uma colônia, os diversos indivíduos possuem, muitas vezes, funções específicas, e cada uma delas é representada por uma categoria de indivíduos. A alimentação é realizada pelos autozooides, a sustentação pelos cenozooides e a defesa por aviculários e vibráculas.

O sistema nervoso é constituído de um anel ao redor da faringe, e o cérebro está localizado no lado dorsal, dos quais originam-se nervos que se dirigem para os tentáculos e outras partes do corpo. Todos os briozoários apresentam como característica única em seu celoma um sistema funicular, que se acredita estar relacionado ao transporte de alimentos do trato digestivo para os tecidos.

Alimentação

Sempre ocorre por captura de alimentos suspensos na coluna d'água. Quando o lofóforo é retraído para dentro do zooide, cria-se uma corrente descendente de água em direção à extremidade aberta do funil. Assim, pequenas partículas são carregadas juntamente com a corrente de água para a boca do animal, por meio dos cílios presentes na superfície externa dos tentáculos do lofóforo.

Trocas gasosas e excreção

As trocas gasosas ocorrem pela superfície do corpo de cada zooide e, especialmente, pela superfície do lofóforo. O mecanismo de trocas ocorre por difusão simples.

♀ Reprodução

Os briozoários são geralmente hermafroditas, e apresentam testículos e ovários. As colônias podem ser originadas por reprodução sexuada ou assexuada por brotamento. Quando ocorre reprodução sexuada, a maioria dos casos decorre de autofecundação, sendo a fertilização feita dentro do ovário, no interior do indivíduo; apenas os gametas masculinos é que são liberados no meio. O zigoto é desenvolvido dentro da cavidade celomática.

Quando ocorre a formação de colônias, todos os indivíduos são formados assexuadamente a partir de um indivíduo denominado ancéstrula a partir de brotamento. Os novos indivíduos, apesar de geneticamente idênticos, apresentam forma diferenciada, possibilitando ao pesquisador identificar a ancéstrula pela posição e pela morfologia do zooide. O padrão de brotamento é determinante do formato da colônia; os que se apresentam em formação pelas bordas são determinantes de formas incrustantes, enquanto o brotamento em ramos é determinante do formato arborescente. As colônias podem manter-se por mais de dois anos, e há registro de até 12 anos.

❋ Importância ecológica e econômica

Algumas espécies podem conter substância físico-química (dimetilsulfoxina– *Alcyonidium gelatinosum*) que pode causar males à espécie humana. Estudos descobriram que esse metabólito provoca dermatite **eczema**tosa em alguns pescadores do mar do Norte, levando-os à aposentadoria por invalidez. Em combate à leucemia e ao **carcinoma** epidermoide humano, tem-se como destaque a convolutamina (extraída de *Amathia convoluta*) com efeito de **citotoxidade**. Outro produto específico encontrado em *Cibricellina cribaria*, na Nova Zelândia, apresenta um **alcaloide** com atividade citotóxica, antibacteriana, antifúngica e antiviral. Apesar de pouco explorados, os briozoários ou ectoproctos possuem grande potencial para serem utilizados na sociedade humana.

briozoários ou ectoproctos
(ANIMAIS-MUSGO)

◉ **Nome popular:** Catenicela
◉ **Nome científico:** *Catenicella* sp.

︎ Características

São colônias eretas de 0,5 a 5 cm de altura, arborescentes e articuladas, formando pequenos e robustos tufos, de coloração branca a bege. Apresentam ramos unisseriais de internódios unizooidais, com segmentos bizooidais nas bifurcações. Possuem autozooides alongados, claviformes, com porção proximal curta e aviculários distais, com parede frontal geralmente perfurada por vários poros. As aviculárias têm posição látero-oral, geralmente com câmaras de poros associadas. Seus orifícios orbiculares não têm espinhos orais.

︎Ambiente

Ocorre em regiões de substrato duro sombreadas, em geral em águas rasas de mares tropicais ou temperados, raramente em regiões polares ou em mar profundo. Foram relatadas apenas três espécies do gênero no Brasil. A cor, geralmente clara (branca ou bege), contrasta com o substrato escuro. Muitas vezes é encontrada em pequenas tocas, entre rochas.

︎ Curiosidade

Apresenta grande importância como representante da fauna bentônica, e é um dos animais mais frequentes na zona infralitoral. É ecológica e economicamente importante, sobretudo porque faz parte das comunidades de *fouling*; algumas espécies são potencialmente invasoras. As aviculárias, indivíduos de defesa da colônia, recebem esse nome por apresentarem uma forma semelhante a um bico de ave. Esse formato permite a captura de possíveis predadores ou parasitas por meio de sua abertura e do seu fechamento, possibilitados pela ação de músculos.

briozoários ou ectoproctos
(ANIMAIS-MUSGO)

◉ **Nome popular:** Esquizoporela
◉ **Nome cientifico:** *Schizoporella unicornis* (Johnston, 1847)

༞ Características

As colônias, derivadas de reprodução assexuada, iniciam seu desenvolvimento incrustando-se em rochas ou em cima de materiais inorgânicos como conchas. A colônia torna-se muito espessa e cresce em direção vertical ereta, formando tubos sólidos e projeções em forma de dedos ou com aspecto de uma pequena árvore. Possuem cor geralmente alaranjada bem intensa, embora no início do desenvolvimento sejam brancas a marrom-amarelado, posteriormente tornando-se marrom escuro. Os zooides internos são hexagonais, e os mais externos são retangulares, sendo arranjados em linhas alternadas radiando a partir do centro. São frequentemente confundidos com os corais por causa de sua estrutura geral. A colônia é densamente mineralizada por elementos carbonatados.

◉ Ambiente

Nativa do Japão, aparece nos domínios do Atlântico Norte e do Mediterrâneo. Foi introduzida no Brasil e em várias regiões do globo, de maneira não intencional, juntamente com a ostra do Pacífico (*Crassostrea gigas*) ou em cascos de navios. Ocorre nas regiões costeiras, no mediolitoral e em áreas submersas, fortemente aderida a algum tipo de substrato duro.

◉ Curiosidade

As colônias, quando mortas, apresentam aspecto acinzentado, em virtude da presença de elementos carbonatados. Essas colônias são pintadas de verde e comercializadas como samambaias, pois apresentam aspecto parecido.

Outro ponto a ser ressaltado é que, ao mergulhar nos costões rochosos, é preciso tomar cuidado com esses animais, pois suas bordas finas podem servir como lâminas bem afiadas.

12 equinodermes
(ESTRELAS-DO-MAR, LÍRIOS--DO-MAR, OURIÇOS, PEPINOS E OFIUROIDES)

Valéria Flora Hadel

⦿ **Filo Echinodermata** (do grego *echinos* = ouriço + *derma* = pele + *ata* = caracterizado por)

Existem atualmente 6 mil espécies descritas para esse grupo. São exclusivamente marinhas e distribuem-se desde a zona do mediolitoral até as regiões abissais, a 10.540 m de profundidade; ocorrem em todas as latitudes, dos oceanos polares aos tropicais. Com exceção de uma espécie de holotúria pelágica, capaz de nadar, todas as demais são bentônicas e vivem associadas a substratos rochosos, arenosos ou lodosos. A cor varia do cinza e do marrom ao alaranjado, vermelho e azul, sendo comuns espécies multicoloridas.

Existem cinco classes de Echinodermata: Asteroidea (estrelas-do-mar), Crinoidea (crinoides), Echinoidea (ouriços-do-mar), Holothuroidea (pepinos-do-mar ou holotúrias) e Ophiuroidea (ofiuroides).

⁑ Estrutura do corpo

A forma do corpo varia, podendo ser arredondada, cilíndrica ou em forma de estrela. Apresentam simetria radial **pentâmera** quando adultos, apesar de as larvas serem bilateralmente simétricas. O esqueleto é interno, formado por ossículos calcários. Um sistema hidrovascular, por onde circula a água do mar, e um **tecido conjuntivo** mutável, que permite ao animal mudar a forma do corpo, são características exclusivas do filo e não são encontrados em nenhum outro animal. Os pés **ambulacrais**, movidos pela ação hidrostática da água do sistema hidrovascular, servem para locomoção, captura do alimento e como órgãos sensoriais, captando sinais táteis e químicos.

O sistema digestório da maioria é constituído de boca, esôfago, estômago, intestino e ânus, com pequenas variações, dependendo do grupo (os ofiuroides, por exemplo, não apresentam intestino e ânus). O sistema nervoso central é composto de um anel nervoso circum-oral e cinco nervos radiais, ao passo que o sistema nervoso periférico apresenta duas redes intraepiteliais (sistema sensorial e motor). Não há gânglios.

As sinapomorfias do grupo são: simetria pentâmera, ossículos **estereômicos** calcários, tecido conjuntivo mutável, sistema vascular aquífero, coração-rim funcionalmente transformado e **diplêurula**.

Alimentação

Podem ser carnívoros e se alimentar de outros invertebrados marinhos e peixes. Os detritívoros recuperam a matéria orgânica depositada no fundo dos mares e oceanos, ao passo que outros capturam os organismos do plâncton e os materiais em suspensão na água do mar com os braços ou tentáculos. Os herbívoros raspam a camada de algas aderidas ao substrato.

Trocas gasosas e excreção

Nas estrelas-do-mar, brânquias dérmicas, ou pápulas, estendem-se pelos espaços entre os ossículos e realizam trocas gasosas com a água do mar. Os ofiuroides possuem bursas entre os braços que atuam como órgãos respiratórios. A respiração pode ocorrer por difusão por toda a superfície do corpo nas espécies com revestimento mais fino, e nos pés ambulacrais e tentáculos em todos os representantes do filo.

Reprodução

Pode ser assexuada, por fissão do corpo em duas ou três partes e posterior regeneração das partes perdidas. Os que se reproduzem sexuadamente podem apresentar fecundação interna ou externa; os gametas liberados na água do mar eclodem em larvas que atingem o estágio adulto após metamorfose. Existem espécies incubadoras, que mantêm os filhotes no interior do corpo ou em estruturas externas especiais, liberando os jovens em um estágio mais avançado do desenvolvimento. Em geral, os sexos são separados, mas existem espécies hermafroditas. Mesmo nesses casos, a fecundação é cruzada, isto é, os indivíduos nem sempre sofrem autofecundação.

Importância ecológica e econômica

Os equinodermes têm sido utilizados em pesquisas sobre desenvolvimento, pois seus gametas são abundantes e fáceis de coletar e manipular em laboratório. Algumas espécies de holotúrias e ouriços-do-mar são utilizadas na culinária asiática, ao passo que estrelas-do-mar podem destruir bancos de ostras e mexilhões criados para consumo humano. Várias espécies, principalmente de estrelas, têm sido exploradas comercialmente como objetos de decoração, levando algumas espécies às listas de animais ameaçados de extinção.

Os ouriços e estrelas-do-mar apresentam grande importância ecológica como estruturadores da fisionomia das comunidades de costões rochosos, uma vez que alimentam-se de espécies com grande potencial competitivo e, dessa forma, reduzem a sua abundância, permitindo o estabelecimento de outras espécies (menos abundantes e das quais não se alimentam) no substrato disponível. Podem, nessas comunidades, ser considerados espécies-chave.

equinodermes
(ESTRELAS-DO-MAR, LÍRIOS-DO-MAR, OURIÇOS, PEPINOS E OFIUROIDES)

⦿ **Nome popular:** Crinoide ou lírio-do-mar
⦿ **Nome científico:** *Tropiometra carinata* (Lamarck, 1816)

Foto: Luiz Fernando Campos Furlan

⋙ Características

O corpo é formado por uma pequena estrutura central, denominada tégmen, que abriga os órgãos internos. Dele partem os cirros – voltados para baixo e utilizados para a fixação ao substrato e na locomoção – e dez braços móveis. Os braços e as **pinulas** que saem de seus eixos centrais são mantidos em uma posição quase vertical na coluna d'água e são utilizados para nadar e capturar alimento, constituído por plâncton e matéria orgânica suspensa. Apresenta, em geral, cor marrom-escuro com faixas amarelas ou uma variação de padrões dessas cores. Mede cerca de 10 a 18 cm de uma ponta de braço à outra.

◉ Ambiente

Apesar de móvel, é geralmente encontrado fixo a qualquer substrato rígido submerso, do infralitoral raso até profundidades de cerca de 85 m, sempre em locais onde há movimentação leve a moderada da água do mar. Vive em grupos, com os indivíduos menores ao redor dos maiores, e pode ser encontrado nas águas tropicais do mundo inteiro.

⦿ Curiosidade

É comumente confundido com algas, porque pode permanecer no mesmo local por longos períodos e porque os braços, que lembram penas, movem-se lentamente de acordo com as ondas e correntes enquanto capturam alimento. Muitos se agarram com os cirros às conchas e carapaças de outros animais, e são levados por eles para diferentes locais, onde possa existir mais alimento. É comum encontrar crinoides associados a pequenos gastrópodes da espécie *Annulobalcis aurisflama*, que possuem a concha transparente, a qual permite ver o corpo cor de vinho com listras amarelas. Não existe um nome popular para esse animal no Brasil, e o termo lírio-do-mar é uma tradução direta do nome popular utilizado em países de língua inglesa (*sea lily*).

equinodermes
(ESTRELAS-DO-MAR, LÍRIOS-DO-MAR, OURIÇOS, PEPINOS E OFIUROIDES)

- **Nome popular:** Estrela-do-mar
- **Nome científico:** *Echinaster brasiliensis* Müller & Troschel, 1842

Foto: Luiz Fernando Campos Furlan

⋗ Caracteristicas

O corpo possui um disco central do qual partem cinco braços dispostos radialmente. As estrelas dessa espécie apresentam cor vermelha ou alaranjada. A boca encontra-se na região oral do disco central, voltada para o substrato, e o ânus, na aboral, voltado para cima. Próximo ao ânus, encontra-se a abertura externa do sistema hidrovascular, denominada madreporito. Os braços possuem um sulco ambulacral mediano na região oral com centenas de pés ambulacrais, utilizados na locomoção e captura do alimento. É predadora e alimenta-se de outros invertebrados marinhos, no entanto, pode alimentar-se de animais mortos em decomposição. Possui pequenos tentáculos sensoriais e um ocelo na ponta de cada braço. Os ocelos permitem que a estrela se oriente ao se mover entre locais escuros e iluminados.

⊚Ambiente

Encontrada nos costões rochosos e fundos arenosos, do infralitoral raso até profundidades de cerca de 15 m. Ocorre em todo o litoral brasileiro, e sua distribuição geográfica estende-se da Flórida à Argentina.

⊙ Curiosidade

Como todos os equinodermes, a estrela-do-mar possui um alto poder de regenerar partes perdidas, assim, quando perde um dos braços, um novo começa a crescer a partir do disco central. Estrelas dessa espécie já foram coletadas com até três dos cinco braços de tamanho menor que os demais, um sinal de que ainda estavam se regenerando. As estrelas carnívoras podem aguardar que as conchas de uma ostra ou mexilhão se abram para everter o estômago e começar a digestão da presa fora do corpo. Quando o animal for semidigerido, músculos especiais fazem que o estômago cheio de alimento volte para dentro do corpo da estrela.

equinodermes
(ESTRELAS-DO-MAR, LÍRIOS-DO-MAR, OURIÇOS, PEPINOS E OFIUROIDES)

⦿ **Nome popular:** Ouriço-do-mar
⦿ **Nome cientifico:** *Echinometra lucunter* (Linnaeus, 1758)

© Foto: Natalia Pirani Ghilardi-Lopes

༞ Características

O formato do corpo é globoso e pode medir de 7 a 15 cm no maior diâmetro. É coberto por espinhos longos, de cor violeta-escuro, quase negros. A boca localiza-se na superfície oral, em contato com o substrato, e o ânus, na superfície aboral, voltada para a coluna d'água. Possui uma estrutura calcária denominada lanterna de Aristóteles, com a qual raspa seu alimento (as algas e o filme de bactérias do substrato).

⊚Ambiente

Rochas e outros substratos consolidados, do infralitoral raso até uma profundidade de 45 m. Pode ocupar depressões nas rochas, denominadas locas, cavadas pela ação de seus próprios espinhos e da lanterna de Aristóteles. Pode suportar o embate das ondas em locais com alto hidrodinamismo, fixando-se às rochas com os espinhos, mantidos firmemente ancorados às rochas pelo tecido conjuntivo mutável enrijecido e pelos pés ambulacrais localizados entre as cinco fileiras de espinhos. Ocorre em águas tropicais e temperadas do Oceano Atlântico.

⊙ Curiosidade

Seus espinhos servem apenas para locomoção, fixação e defesa dos agressores, e nunca são lançados contra o agressor. Eles fazem parte do esqueleto interno do animal e são revestidos por uma fina camada de pele, que pode penetrar em um ferimento em caso de acidentes com esses animais. A presença de proteínas estranhas pode desencadear uma reação de rejeição, que, aliada à contaminação por bactérias, é capaz de causar muita dor. Mas, ao contrário do que se acredita, há poucas espécies de ouriços-do-mar venenosas, encontradas principalmente no Oceano Pacífico, mas *Echinometra lucunter* não é uma delas.

equinodermes
(ESTRELAS-DO-MAR, LÍRIOS-DO-MAR, OURIÇOS, PEPINOS E OFIUROIDES)

⦿ **Nome popular:** Pepino-do-mar
⦿ **Nome científico:** *Isostichopus badionotus* (Selenka, 1867)

ꙮ Caracteristicas

O corpo é cilíndrico e tem consistência firme, semelhante à borracha. A cor varia do laranja ao violeta, com manchas marrom-escuro espalhadas pela superfície do corpo. A boca é ventral, situada na extremidade anterior, e rodeada por 16 a 20 tentáculos curtos, utilizados para encontrar e capturar o alimento. O ânus situa-se na extremidade posterior, e os pés ambulacrais estão distribuídos em três faixas na região que fica em contato com o substrato. A margem latero-ventral exibe grandes papilas cônicas que ajudam o animal a se fixar ao substrato. Alimenta-se da matéria orgânica aderida às rochas e aos grãos de areia, desempenhando um importante papel na recuperação desse material para as cadeias alimentares marinhas. Pode chegar a 45 cm de comprimento.

◉ Ambiente

Encontrado do infralitoral raso a profundidades de até 100 m, sempre sobre o substrato, que pode ser rochoso, coralino ou arenoso. Pode ser encontrado, ainda, entre algas e outros vegetais marinhos. É comum no Oceano Atlântico, do Caribe a Santa Catarina, no sul do Brasil.

◉ Curiosidade

Essa espécie está ameaçada de extinção no litoral brasileiro por causa de seu alto valor comercial no mercado asiático, onde é vendida como alimento. O nome comercial em francês, *beche-de-mer*, vem do português lusitano bicho-do-mar, mas alguns chamam as holotúrias comestíveis de *trepang* (termo malaio). Por não possuir predadores naturais, esse animal vive exposto no fundo do mar, sendo facilmente visualizado. As holotúrias dessa espécie respiram por meio da água, que entra pelo ânus e inunda a cavidade interna do corpo, levando oxigênio até estruturas extremamente ramificadas, denominadas "árvores respiratórias".

13 tunicados
(ASCÍDIAS)

Guilherme H. Pereira-Filho
Gustavo Muniz Dias

◉ Filo Chordata (do latim *chorda* = corda + *ata* = caracterizado por)

Esse filo compreende todos os vertebrados e alguns invertebrados marinhos que compartilham as seguintes características: notocorda, cauda pós-anal muscular, tubo nervoso dorsal oco e fendas branquiais. Como esse livro é voltado para organismos de costões rochosos, trataremos apenas dos invertebrados marinhos desse grupo.

◉ Subfilo Urochordata ou Tunicata (do grego *ourá* = cauda)

São conhecidas cerca de 2.150 espécies de tunicados. Nesse subfilo, são classificados os animais marinhos que não possuem notocorda e cordão nervoso quando adultos (apenas na fase larval). E, mesmo apresentando simplicidade morfológica, como veremos, esses são os nossos parentes mais próximos quando observamos um costão rochoso.

Os tunicados podem ser solitários ou coloniais, neste último caso sendo os únicos exemplos de animais verdadeiramente coloniais entre os cordados.

Esse subfilo é divido em três classes, sendo os membros da classe *Ascidiacea* os observados em costões, pois são organismos de vida séssil. As ascídias, como são denominados seus representantes, são comuns em todo o mundo, ocorrendo principalmente em águas rasas tropicais, presas a rochas, cascos de navios ou ainda fixadas em substrato inconsolidado. O tamanho desses organismos varia de 1 mm a alguns centímetros de diâmetro.

ꙮ Estrutura do corpo

As ascídias podem ser facilmente confundidas com esponjas por causa do hábito séssil. As espécies solitárias podem apresentar formato cilíndrico, esférico ou irregular, e uma grande diversidade de cores. Uma superfície prende-se ao substrato enquanto a outra possui dois sifões, um para entrada de água (sifão inalante) e alimento, e outro para saída de água e excretas (sifão exalante).

O corpo de uma ascídia é recoberto por uma camada de células (epiderme), mas essa camada não forma a superfície externa, pois esta é recoberta por uma camada cuticular denominada túnica (daí a origem do nome dado ao grupo). Essa túnica é composta de quantidades variáveis de proteínas, água, tunicina e algumas vezes espículas ou placas calcárias. A função da túnica é dar sustentação e proteção ao organismo. Nas camadas abaixo da túnica são encontrados músculos, nervos e canais sanguíneos. Os músculos predominam nos sifões e são responsáveis pela abertura e fechamento destes. O corpo das ascídias pode ser indiviso, ou dividido em tórax (que contém a faringe), região abdominal (trato digestivo e estruturas associadas) e região pós-abdominal (quando presente, contém o coração e as gônadas). O sistema nervoso é constituído de um gânglio cerebral localizado no tecido conjuntivo entre os dois sifões, de onde partem nervos que inervam os sifões inalante e exalante, musculatura, faringe e órgãos viscerais. Abaixo do gânglio cerebral existe uma glândula neural, cuja extremidade anterior origina um duto ciliado que se abre na faringe, muitas vezes formando uma estrutura em forma de hélice, denominada tubérculo dorsal. Essas três estruturas juntas bombeiam água do mar ao sangue, auxiliando na regulagem do volume sanguíneo.

As sinapomorfias do grupo são: túnica, tentáculos orais, glândula neural ventral ao gânglio cerebral, glândula pilórica e reversão do batimento cardíaco.

Alimentação

Ascídias alimentam-se de plâncton removido da água por filtração. A água entra pelo sifão inalante induzida por um fluxo produzido por batimento dos cílios das fendas branquiais. O caminho desse fluxo no organismo é: sifão inalante ▶ faringe ▶ fendas faringianas ▶ átrio circundante ▶ sifão exalante. A faringe é revestida por muco produzido por uma estrutura denominada endóstilo, a qual é considerada o órgão ancestral da glândula tireoide de vertebrados. O alimento retido nas fendas faringianas segue pelo esôfago até o estômago (onde ocorre a digestão) e, posteriormente, para o intestino (onde ocorre a absorção). Em todos os tunicados, uma rede de túbulos (glândula pilórica) reveste a parede externa do intestino, abrindo-se em uma região próxima ao estômago através de canais, onde libera enzimas digestivas e substâncias envolvidas no controle do pH. O intestino termina no ânus, que fica no átrio, a partir do qual, junto com o fluxo de água, as pelotas fecais são liberadas para o sifão exalante e deste para o meio externo.

Trocas gasosas e excreção

Os gases são absorvidos na superfície da brânquia (faringe) e transportados às demais células por um desenvolvido sistema sanguíneo que inclui o coração. Em intervalos de alguns minutos, os batimentos cardíacos são revertidos, possibilitando uma distribuição mais igualitária de nutrientes e gases para os tecidos posicionados nas extremidades do corpo dos tunicados. A principal excreta é a amônia liberada pela faringe e exalada no fluxo exaustor.

Reprodução

As ascídias possuem capacidade de regeneração, mas a reprodução assexuada é observada apenas nos exemplares coloniais. São hermafroditas e possuem estratégias que impedem a autofertilização. Tanto os óvulos como os espermatozoides são liberados através do sifão exalante, e a fertilização ocorre no mar, formando o zigoto. O desenvolvimento do zigoto origina uma larva livre-natante semelhante a um girino, que se fixa ao substrato e transforma-se em um novo adulto.

Importância ecológica e econômica

As ascídias podem incrustar-se em cascos de embarcações e em organismos cultivados no mar, atrapalhando o rendimento dessas atividades. Há ainda o consumo humano direto, como o caso da piúra (*Pyura chilensis*), no Chile, da meongge e da maboya (*Halocynthia roretzi*), no Japão e na Coreia e do *Microcosmus sabatieri*, na França e na Itália.

Em termos ecológicos, as ascídias são importantes colonizadoras de espaços recém-perturbados em costões rochosos, contribuindo para a sucessão ecológica nesses ecossistemas.

tunicados
(ASCÍDIAS)

◉ **Nome popular**: Falusia ou ascídia-negra
◉ **Nome científico:** *Phallusia nigra* Savigny, 1816

© Foto: Gustavo Muniz Dias

⊱ Características

Ascídia solitária, de coloração negra, presa ao substrato pela região posterior, mede cerca de 10 cm de comprimento.

◉ Ambiente

Comum em baías, vive em águas protegidas e prende-se a qualquer substrato duro disponível na região do infralitoral, além de apresentar distribuição pantropical.

◉ Curiosidade

Muitas ascídias produzem substâncias que as protegem contra predação, incrustação de outros organismos e infecções causadas por bactérias. Essas substâncias vêm sendo estudadas e podem, no futuro, ser utilizadas pelo homem.

Muitas vezes, ao realizarem movimentos de natação com suas nadadeiras, mergulhadores despreparados soltam esses animais do substrato, ocasionando sua morte, uma vez que eles não têm a capacidade de se movimentar e acabam ficando no fundo, eventualmente sendo soterrados por sedimentos.

tunicados
(ASCÍDIAS)

⦿ **Nome popular:** Simplegma ou ascídia-vermelha
⦿ **Nome cientifico:** *Symplegma rubra* Herdman, 1886

⇒ Características

Ascídia colonial, de coloração vermelho-brilhante, consistência suave e gelatinosa. As colônias medem cerca de 10 cm de comprimento. Os zooides são distinguíveis a olho nu com 2 a 4 mm de comprimento, com um distinto contorno oval.

Ambiente

Comumente observada em costões rochosos da região Sudeste do Brasil, apresenta distribuição geográfica concentrada no Oceano Atlântico Tropical Americano, na região do infralitoral raso.

Curiosidade

As ascídias foram inicialmente confundidas com moluscos até que o zoólogo Alexander Kowalevsky demonstrou que elas possuem notocorda na fase larval.

parte

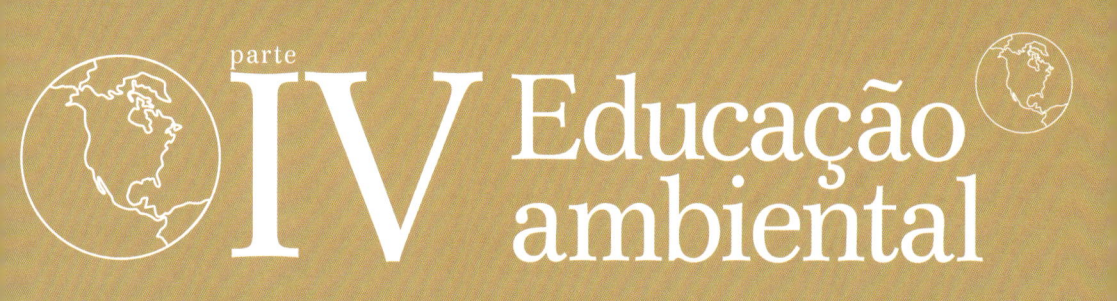

IV Educação ambiental

Foto: ©Shutterstock.com/Juriah Mosin. Two young children looking for little creatures in the rockpool by the sea

14 impactos das atividades humanas sobre a biodiversidade marinha

Flávio Berchez
Marcos S. Buckeridge

O aumento da concentração de gás carbônico (CO_2) na atmosfera é o principal causador do aquecimento global. Por ser um gás que promove o efeito estufa, o CO_2 é uma das razões da existência de vida na Terra, já que sem o efeito estufa a temperatura seria muito mais baixa e imprópria para a maioria dos seres vivos. Porém, a atividade industrial humana e as mudanças no uso da terra vêm provocando um aumento excessivo do CO_2 na atmosfera terrestre e, por esse motivo, alterações climáticas anormais estão ocorrendo no planeta. Um dos efeitos do aquecimento global está relacionado a alterações no clima, e um dos problemas principais é a provocação de alterações nas intensidades de eventos climáticos, ocasionando tempestades mais fortes e também acentuando secas e alagamentos.

Nos oceanos, um dos efeitos das mudanças globais mais discutidos é o possível aumento do nível do mar, provocado pelo descongelamento das calotas polares. No entanto, há outros efeitos que, apesar de mais sutis, poderão ter impactos significativos nas comunidades ecológicas nos oceanos.

A escalada dos efeitos antrópicos sobre o mar

Os oceanos vêm sendo objeto de exploração e impacto pelo ser humano desde os primórdios da civilização, servindo como destino inesgotável dos dejetos das nossas atividades.

O aumento da população levou a impactos ambientais inicialmente relacionados ao esgoto doméstico, sendo esse impacto mais grave no interior das enseadas, onde normalmente localizavam-se os portos e concentravam-se as comunidades humanas.

Com o advento da industrialização, a poluição passou a ser ainda mais significativa. Poluentes químicos extremamente danosos, como metais pesados, passaram a ser descartados na água de rios ou diretamente no mar, bem como resíduos de vários tipos, descartados a partir de processos industriais. Paralelamente, o próprio esgoto doméstico passou a conter quantidades muito maiores de substâncias danosas ao meio ambiente, relacionadas principalmente aos produtos de limpeza, como detergentes e desinfetantes.

Embora no Brasil seja difícil avaliar as consequências desses impactos, por causa da falta de estudos científicos, a variação da biodiversidade de algas ocorrida na baía de Santos desde os estudos efetuados por Ailton Brandão Joly, em 1957*, até a publicação, duas décadas depois, de Oliveira Filho e Berchez (1978)** dão uma ideia do que deve ter ocorrido. Apenas nesse intervalo houve uma redução drástica da biodiversidade para menos da metade das espécies existentes em 1957. Esse estudo foi parcialmente refeito em 1992,*** indicando uma piora nessa situação, com as algas pardas desaparecendo completamente da baía, e em 1999,**** quando houve uma ligeira recuperação da biodiversidade.

Essa ação antrópica, inicialmente localizada, teve consequências em áreas gradualmente maiores, em alguns casos alastrando-se para todo o planeta. Um exemplo disso é a camada de óleo que atualmente recobre a superfície dos oceanos.

---

*Joly AB. Contribuição ao conhecimento da flora ficológica marinha da Baía de Santos e arredores. Boletim da Faculdade Filosofia, Ciências e Letras da Universidade de São Paulo - série Botânica. 1957;14:7-27.
**Oliveira Filho EC, Berchez FAS. Algas bentônicas da Baía de Santos: alterações da flora no período de1957-1978. Boletim de Botânica da Universidade de São Paulo. 1978;6:49-59.
***Berchez FAS, Oliveira Filho EC. Temporal changes in the benthic marine flora of the Baía de Santos, SP, Brazil, over the last four decades. In: Cordeiro-Marino C, Azevedo MTP, Sant'anna CL, Tomita NY, Plastino EM, editors. Algae and environment: a general approach. São Paulo: Sociedade Brasileira de Ficologia; 1992. p. 120-31.
****Yaobin Q. Estudos sobre a variação temporal da composição de macroalgas marinhas em uma baía poluída - o caso de Santos, Litoral de São Paulo, Brasil [tese]. São Paulo: Instituto de Biociências Universidade de São Paulo; 1999.

Outro tipo de impacto, menos conhecido e relacionado ao aumento da navegação marítima, é a introdução de espécies exóticas, eventualmente com graves consequências para o equilíbrio da biota local. No Brasil, há inúmeros casos, sendo um dos mais graves a introdução do molusco *Isognomon bicolor*, encontrado inicialmente no Rio Grande do Sul e que agora já pode ser encontrado em parte das regiões Sul e Sudeste do Brasil. Na maioria dos locais, esse invasor desaloja total ou parcialmente outro molusco, do gênero *Brachidontes*, que ocorre na porção intermediária do mediolitoral. Entretanto, em alguns locais do Estado de São Paulo, observações recentes mostram que é também capaz de desalojar todos os organismos, do mediolitoral ao infralitoral, causando um impacto de grande monta nas comunidades naturais.

Efeito das mudanças climáticas sobre as comunidades marinhas

Dentre os diferentes tipos de ações antrópicas deletérias ao mar, temos hoje consciência do evento do aquecimento global, provocado pelo aumento no CO_2 atmosférico. Cerca de um terço do dióxido de carbono (CO_2) liberado na atmosfera dissolve-se no oceano. Entretanto, ele também reage com a água do mar, causando alterações diretas e indiretas no meio marinho, e estas são ainda mais preocupantes. A principal delas é a acidificação (diminuição do pH) da água.

A reação do CO_2 com a água forma ácido carbônico, que, por sua vez, reage com íons carbonato presentes na água, resultando na liberação de íons H^+ e no aumento da acidez. Estima-se que, desde o início da era industrial, o pH dos oceanos tenha sofrido uma queda média de 0,1 unidade, devendo cair mais 0,3 até o final do século.

Além de impactos na fisiologia dos organismos, por alterações no balanço iônico das substâncias presentes na água do mar, a acidificação dos oceanos provoca alterações no sistema carbonato, comprometendo a sobrevivência de algas calcárias e de animais como moluscos, corais, crustáceos e outros animais que produzem exoesqueletos calcificados. Se a tendência atual de acidificação se mantiver, após o ano 2150 o pH deve atingir um valor no qual o balanço químico do sistema carbonato se inverterá, prevalecendo a dissolução do carbonato de cálcio acumulado nos oceanos em vez de sua deposição. O resultado disso é que, em vez de absorção, haverá emissão de

CO_2 pelos oceanos, agravando ainda mais o efeito estufa. No caso dos bentos da costa brasileira, a principal ameaça parece estar relacionada aos extensos bancos de algas calcárias da plataforma continental e aos recifes de coral.

Uma ameaça em curto prazo está relacionada ao hidrodinamismo, ou seja, o movimento da água do mar. Esse fenômeno está normalmente associado à ocorrência de tempestades, ressacas, furacões, ciclones e mesmo outros distúrbios atmosféricos de menor intensidade. Sua importância no caso das mudanças climáticas é bastante grande, uma vez que se preveem alterações significativas na intensidade de tempestades.

O hidrodinamismo tem extraordinária importância para as comunidades bentônicas marinhas, regulando sua estrutura mesmo em baixa escala de variação e impactando-as profundamente se aumentado. O aumento da incidência e da intensidade de eventos ligados ao hidrodinamismo, o que aparentemente já é uma realidade, tem um impacto devastador nas comunidades marinhas, podendo inviabilizar o processo de recuperação diante desses distúrbios e levar a alterações definitivas dessas comunidades.

Diversas outras alterações previstas, como de correntes marinhas locais e oceânicas, do nível da água do mar e de sua temperatura, certamente terão grande influência e impacto nas comunidades marinhas. Porém, ainda faltam estudos que mostrem como tais comunidades responderão a esses fatores.

Embora seja muito difícil prever o que realmente acontecerá, uma vez que há ciclos naturais pelos quais essas comunidades vêm passando há milhões de anos, se considerarmos a interação entre esses distúrbios, as consequências tornam-se bastante preocupantes, fazendo que estudos mais aprofundados mereçam atenção emergencial da comunidade científica e toda a sociedade.

Nesse sentido, a discussão em programas de Educação Ambiental é de grande importância não somente para informar, mas também para estimular um maior número de debates sobre as possíveis soluções que podemos adotar coletivamente para evitarmos que o planeta atinja níveis críticos de alteração das comunidades marinhas e de perda irreversível de biodiversidade.

Deve-se salientar que o Brasil é um país com expressiva área de costa e que a maior parte dela é recoberta por bancos de algas calcárias sensíveis sob diversos aspectos às alterações previstas no meio marinho, além de abrigar uma expressiva biodiversidade e inúmeras espécies endêmicas.

Lembremos também que as alterações no meio marinho, assim como na atmosfera, afetam todo o planeta.

15 a educação ambiental nos ecossistemas marinhos

Flávio Berchez
Natalia Pirani Ghilardi-Lopes
Valéria Flora Hadel

Os ecossistemas terrestres e aquáticos vêm sendo impactados continuamente pela ação humana, sendo que ao longo do século XX essa degradação intensificou-se ainda mais. Populações inteiras já foram gravemente afetadas desde então, e esses efeitos deverão trazer consequências catastróficas para os ecossistemas de todo o planeta.

Como resultado desse processo, criou-se uma consciência ambientalista que levou a ações de diversos tipos, todas visando à conservação dos ecossistemas. A criação de uma legislação ambiental é um dos exemplos de reação aos impactos sofridos pelos ambientes naturais, sua flora, fauna e riquezas minerais.

Nos últimos anos, surgiu uma vertente educacional voltada para as questões ligadas ao meio ambiente: a Educação Ambiental (EA). Ela começou a ser desenvolvida de forma mais intensa e organizada a partir da década de 1990, sendo hoje amplamente aceita nos diferentes níveis governamentais, nas universidades e na sociedade em geral. Atualmente, a EA está inserida no estatuto de muitas escolas de nível superior e faz parte da legislação federal brasileira, contando com programa específico no âmbito do poder executivo federal, o Programa Nacional de Educação Ambiental (ProNEA).

Inicialmente, a EA teve como objetivo apenas a transferência de conhecimento sobre biologia, ecologia e mitigação de impactos ambientais entre os institutos de pesquisa e o público leigo. Entretanto, esse conceito inicial evoluiu gradualmente para uma visão mais holística, multidisciplinar e transformadora, a mais aceita atualmente em todo o mundo.

De acordo com esse novo enfoque, o principal objetivo da EA passa a ser a transformação consciente do indivíduo e da sociedade. Essa meta seria atingida por meio de ações educativas que resultem em ganhos, não apenas cognitivos, mas também afetivos e de habilidades. A prioridade passa a ser a mudança de comportamento, ética, valores e expectativas de cada um e da sociedade, de acordo com essa nova filosofia de interação entre o homem e a natureza. Essa nova postura comportamental e filosófica, por si só, deve resultar na preservação e conservação do meio ambiente e, como consequência, na melhoria da qualidade de vida do ser humano e das demais espécies de organismos que com ele compartilham o planeta.

No Brasil, a EA tem se restringido praticamente ao ambiente terrestre. Ainda assim, as poucas iniciativas que contemplaram os ecossistemas marinhos a partir da década de 1980 tiveram grande importância no desenvolvimento de uma mentalidade voltada à sua conservação. Como exemplo, podemos citar as atividades desenvolvidas de forma empírica, porém entusiástica, por algumas operadoras de mergulho que enfatizavam apenas a observação dos organismos presentes nos ecossistemas locais. Esses foram os primeiros passos para a redução substancial da pesca submarina esportiva e da depredação da fauna e flora marinhas, motivada por um espírito conservacionista que se espalhou entre a maioria dos praticantes do **mergulho livre** e do **mergulho autônomo**.

Com objetivos e estrutura mais bem definidos, podemos citar os projetos relacionados à conservação de quelônios, aves e mamíferos marinhos, e aqueles desenvolvidos nas Unidades de Conservação (UCs), presentes em vários Estados do litoral brasileiro. As atividades de EA que incluem trilhas marinhas subaquáticas foram desenvolvidas no litoral norte do Estado de Santa Catarina. No litoral norte do Estado de São Paulo, podemos citar as atividades desenvolvidas pelo Projeto Trilha Subaquática, do Instituto de Biociências da Universidade de São Paulo (IB/USP), nos costões rochosos da Ilha Anchieta (Ubatuba), e pelo Programa de Visitas Monitoradas ao Centro de Biologia Marinha da USP (CEBIMar/USP), em São Sebastião.

Embora alguns projetos de Educação Ambiental Marinha (EAM) sejam bem embasados e planejados, a maioria, incluindo muitos dos realizados nas UCs, é desenvolvida de forma empírica e com periodicidade irregular, desperdiçando oportunidades com alto potencial de sucesso. Além disso, é comum observar a transferência de informações incorretas e a aplicação de estratégias operacionais inadequadas, resultando em verdadeiras ações de deseducação. Essa falta de preparo por parte dos agentes de EA resulta na adoção de comportamentos contrários aos objetivos dessa vertente educacional e em impactos imediatos na natureza. Como exemplo, podemos citar a abertura de UCs a atividades de turismo indiscriminado, irresponsável e impactante, muitas vezes voltadas excessivamente para fins comerciais. Diversos exemplos atestam esse fato no ambiente marinho, tanto com relação às praias e costões rochosos, como aos recifes de corais.

Porém, se as atividades de EA são realizadas de forma adequada, além dos benefícios inerentes a elas, as regiões onde são desenvolvidas recebem vantagens adicionais, como a colaboração de visitantes instruídos e sensibilizados para a vigilância ambiental, o aporte de recursos destinados à conservação desses ambientes e o envolvimento da comunidade local. Entretanto, para que isso ocorra, é essencial a existência de modelos estruturados.

Na criação de um modelo ou projeto, devem estar claros, em primeiro lugar, os objetivos a serem alcançados, embasados em conceitos sólidos de EA. A partir disso, devem ser estabelecidas metodologias educacionais e operacionais que possam atingir esses objetivos. As estratégias de transferência de conhecimento e do acompanhamento do visitante pela área a ser explorada devem ser adequadas tanto às características do local, como ao tipo de público. É essencial que se leve sempre em conta a faixa etária, o grau de instrução, a posição socioeconômica e a existência de portadores de necessidades especiais no grupo. Deve-se optar, em cada situação, por atividades interativas entre o visitante e o monitor de EA e entre o visitante e o ambiente e sua biota. Podem-se incluir, ainda, palestras e aulas expositivas que abram espaço para o esclarecimento de dúvidas, relatos de experiências e discussões. É desejável que qualquer uma dessas atividades estimule comportamentos e atitudes éticas coerentes com os objetivos do projeto.

O mesmo empenho destinado ao planejamento da atividade de EA deve ser dedicado ao treinamento da equipe que irá colocá-la em prática. Para tanto, é essencial que todos entendam a necessidade da padronização dos procedimentos, do discurso e da postura com relação ao visitante e ao ambiente. Além dos programas regulares de treinamento da equipe, é fundamental a elaboração de material didático específico, que hoje é muito escasso. Novamente, é importante enfatizar a adequação da linguagem a ser empregada nesse material, a qualidade e a exatidão das informações e o enfoque dado à biota, ressaltando a importância de cada organismo para o seu ecossistema e evitando o desenvolvimento de sentimentos antagônicos com relação aos predadores, como tubarões e orcas, muitas vezes chamadas de baleias assassinas, e aqueles comumente envolvidos em acidentes com os frequentadores das praias e dos costões rochosos, como as águas-vivas e os ouriços-do-mar.

Quando se considera a EAM, deve se pensar ainda em materiais especialmente destinados ao contato com a água do mar, a areia, os protetores solares, os bronzeadores, etc.

A questão da segurança no ambiente marinho requer uma atenção especial. É importante que todos os fatores de risco sejam identificados e que as medidas de prevenção de acidentes sejam planejadas. Durante a atividade, deve estar à disposição do monitor mais de uma opção de segurança para cada um dos fatores de risco, e na eventual falha de uma delas, uma segunda opção seria imediatamente colocada em prática. Para isso, devem ser observadas as normas amplamente conhecidas dos sistemas de prevenção de acidentes no mar, encontradas, por exemplo, nos manuais dos cursos de habilitação da Marinha do Brasil.

Depois de implantada, a atividade de EAM deve passar por atualizações constantes. A equipe envolvida deve registrar tudo o que não estiver funcionando perfeitamente na prática, sugerindo alterações para o aperfeiçoamento das técnicas idealizadas. Novas informações devem ser incorporadas ao repertório original, e essa reciclagem deve ser feita rotineiramente e em caráter permanente em reuniões periódicas da equipe e pela disponibilização de meios para que os visitantes possam encaminhar sugestões e críticas aos organizadores da atividade.

É desejável que as iniciativas de EAM sejam acompanhadas por um projeto de pesquisa que inclua a avaliação do impacto educacional sobre o público-alvo e do impacto da própria atividade sobre os ecossistemas onde foram implantadas. O projeto deve prever, ainda, uma caracterização prévia do ambiente como um todo, visando à transferência de informações seguras sobre sua estrutura e dinâmica.

Apenas com uma compreensão integrada de todos os componentes bióticos e abióticos do ecossistema marinho é possível transferir esse conhecimento a qualquer tipo de público.

❧ Sugestões de atividades

As atividades de EAM relativas aos ecossistemas de substrato consolidado, como os costões rochosos, podem ser realizadas tanto no próprio ambiente como longe dele.

Se o acesso ao litoral for dificultado pela distância ou pela falta de recursos financeiros, sugere-se a realização de palestras contendo informações e imagens que caracterizem o ambiente e os seres vivos que nele podem ser encontrados. É fundamental enfatizar a importância desses ecossistemas para a sensibilização dos ouvintes quanto à necessidade de sua conservação. Com alunos de ensino fundamental e médio é possível a realização de atividades envolvendo pesquisas sobre o ambiente marinho em jornais, revistas e televisão. As informações obtidas podem ser discutidas com os colegas e professores de várias áreas. Pode ser, inclusive, tema de redação.

Uma das atividades desenvolvidas pelo Projeto Trilha Subaquática, do IB/USP – o mergulho virtual –, tem como objetivo levar o ambiente marinho àqueles que não podem ou não desejam ter contato direto com a água do mar. Essa atividade é constituída de uma série de 12 painéis dispostos em um trajeto ao longo do qual os participantes adquirem conhecimentos e valores com relação ao ambiente marinho. Os painéis contêm informações sobre mergulho autônomo (definição, histórico e equipamentos utilizados), física do mergulho (pressão, luz e temperatura), geologia do substrato, costão rochoso (zonação e distribuição das espécies em relação às marés), organismos marinhos (exemplos de animais e algas), algas marinhas no nosso cotidiano, predadores (sua importância no equilíbrio das comunidades marinhas), impactos **antrópicos** (interferência do homem no ambiente marinho), uso sustentável dos ecossistemas marinhos (uso sustentável do ambiente e de sua biota) e procedimentos de mínimo impacto durante o mergulho.

Além das explicações dos painéis, cada participante recebe um questionário com questões de múltipla escolha. Para cada questão são atribuídos pontos que, ao final da atividade, são somados a fim de avaliar a assimilação do conteúdo e estimular uma competição saudável entre os participantes. Essa é uma estratégia que transforma o indivíduo em uma parte ativa do processo de aprendizado, estimulando sua participação na atividade. Os questionários são apresentados na forma de fichas plastificadas, as quais são preenchidas com caneta hidrográfica. Dessa forma, podem ser utilizadas ao ar livre, evitando o desperdício de papel, pois as respostas podem ser apagadas com álcool e as fichas, reutilizadas. Essa é uma forma de reforçar o conceito da conservação ambiental e reutilização de materiais.

Como atividade complementar para as escolas, sugerimos a visita a aquários e museus, que aproximam o ambiente e seus organismos da realidade dos alunos.

Quando o acesso ao mar é possível, outras atividades podem ser desenvolvidas. Recomendamos a implantação de trilhas interpretativas subaquáticas, técnica bastante utilizada nas atividades de EA terrestre e que produz resultados muito positivos também no ambiente marinho. Essas trilhas nada mais são do que percursos de curta distância, entre 500 e 1.000 m, ao longo dos quais são estabelecidos pontos de interpretação ambiental. Esses pontos são previamente definidos pela equipe organizadora ou selecionados no momento da atividade pelo monitor que conduz o grupo, caso haja algum organismo interessante no local. As informações compartilhadas com os visitantes têm como objetivo despertar o interesse pela vida marinha e incutir valores e atitudes de caráter conservacionista com relação ao ambiente visitado. A mescla de aspectos recreativos e educativos é importante à medida que desperta a curiosidade, a imaginação, o companheirismo durante as atividades desenvolvidas em grupo e a (re)descoberta de aspectos relacionados ao próprio indivíduo e ao ambiente no qual se está imerso.

Vale enfatizar, mais uma vez, que as atividades de mergulho envolvem não só a utilização de equipamentos especializados, mas toda a logística para a segurança dos participantes. Portanto, elas devem ser realizadas apenas após um cuidadoso planejamento e por uma equipe capacitada para a atividade do mergulho livre ou autônomo.

Quando for impossível providenciar equipamentos de mergulho, seja ele livre ou autônomo, para todos os integrantes de um grupo, ou quando as pessoas não têm a intenção de mergulhar totalmente no mar, pode-se recorrer a alternativas igualmente eficazes. A EAM pode ser realizada utilizando-se tanques de contato e aquários contendo organismos vivos. Eles permitem a visualização e o contato direto com animais e algas marinhas sem que o visitante tenha de entrar no mar. Essa técnica é particularmente interessante para idosos, crianças muito pequenas, grupos formados por muitas pessoas e indivíduos que têm medo de entrar no mar. Outra atividade interessante para essa parcela da população é percorrer trilhas interpretativas pelas praias, costões ou poças de maré, onde o visitante tem a oportunidade de andar dentro d'água observando os organismos do mediolitoral e infralitoral.

Como material didático utilizado nas trilhas interpretativas, tanto dentro como fora d'água, são utilizadas fichas plastificadas ou impressas em folhas de PVC®, contendo imagens dos organismos mais comuns naquela área. Elas podem ser aproveitadas tanto para o reconhecimento dos organismos mostrados pelo professor/monitor, como para incentivar os alunos/visitantes a encontrarem o animal ou a planta representado na ficha. Pode-se, ainda, aproveitar o momento para discutir alguns aspectos da biologia dos organismos e da ecologia do ambiente.

Como atividade complementar às trilhas, pode-se organizar uma gincana na praia, aproveitando ao máximo a estadia à beira-mar para a interiorização dos conhecimentos adquiridos.

O número de participantes em cada grupo de mergulho deve sempre ser considerado com cuidado. Um número excessivo pode provocar impactos ao ambiente visitado, contrariando o espírito educativo e conservacionista que norteia a visita a qualquer ecossistema natural. Além disso, é essencial respeitar a proporção entre o número de visitantes e o de monitores experientes na atividade de mergulho. Para maior segurança do grupo, a proporção ideal é de dois visitantes para cada monitor.

A sensibilização do visitante antes que ele tenha acesso às trilhas é uma estratégia altamente eficaz para minimizar o impacto da presença do grupo sobre o ambiente a ser visitado, mesmo que ele seja formado por poucas pessoas. Uma das técnicas empregadas, dentro ou fora d'água, é solicitar a todos que façam uma pausa, fechem os olhos e permaneçam em silêncio, sentindo apenas os sons, os aromas e a atmosfera do ambiente. Isso focaliza a atenção do visitante, o que é particularmente importante se o grupo for constituído por crianças. O sentimento de "fazer parte da natureza" já é um grande passo para a consciência da sua conservação.

Sugestão para a avaliação da atividade

Seja qual for a modalidade de EAM, seus resultados podem ser avaliados com uma atividade de fácil aplicação – a "Vote no Bicho". Ela foi aplicada no CEBIMar/USP e teve como objetivo avaliar se as técnicas de sensibilização e de transferência de conhecimento sobre os organismos com os quais os visitantes entravam em contato foram eficientes para apresentá-los sob uma perspectiva mais realista, eliminando medos infundados e aversão, e substituindo esses sentimentos por respeito e admiração. Ao final da visita, as pessoas recebiam uma cédula com dois espaços para escrever o nome do animal de que mais haviam gostado e aquele que menos as agradara. Um painel com imagens de cada animal com o respectivo nome popular era colocado próximo à urna de votação. Assim, o visitante podia escrever corretamente o nome dos animais na cédula. Essa estratégia é ideal para incentivar as crianças a escreverem o nome dos animais, uma ação simples que ajuda a gravarem o nome das espécies que acabaram de conhecer. A opção pelo nome popular em vez do nome científico justifica-se porque as visitas monitoradas ao CEBIMar destinavam-se ao público leigo interessado em aprender mais sobre o ambiente marinho e seus habitantes. No entanto, se a atividade for destinada a estudantes do nível médio ou superior, o nome científico pode ser adicionado como incentivo para um aprendizado mais específico.

O "Vote no Bicho" surgiu, inicialmente, para avaliar a visita aos laboratórios onde ficam os tanques de contato no CEBIMar. Quando o visitante era convidado a tocar em um animal marinho com o qual tinha pouca ou nenhuma familiaridade, as reações variavam do deslumbramento à repulsa. O medo era uma reação comum com relação a ouriços-do-mar, siris e caranguejos. A aversão era mais comum no caso dos pepinos-do-mar, ascídias e moluscos. Nesse momento, o papel do monitor que acompanha o grupo é fundamental, pois é responsabilidade dele expor a informação biológica correta sobre cada organismo, enfatizando sua importância ecológica e seu papel nas cadeias alimentares marinhas. A postura do monitor é muito importante, uma vez que é por meio do seu exemplo de cuidado e da reverência com que apresenta as espécies que o visitante passará a considerá-las.

Assim, quando o nome de um determinado animal recebia grande quantidade de votos no quesito "menos gostou", esse resultado era considerado como um sinal de alerta para que a equipe reconsiderasse a forma como o animal era apresentado. O momento ideal para essa avaliação é a reunião diária que toda equipe de EAM deve realizar, pois ela permite uma mudança de atitude imediata por parte dos monitores e garante que os objetivos do projeto sejam cumpridos.

16 acidentes com invertebrados marinhos

MELISA MIYASAKA SAKAMOTO HSU

Acidentes provocados por animais marinhos são mais frequentes do que se imagina. A maioria ocorre por imprudência humana, pois alguns animais não devem ser tocados sem necessidade ou conhecimento. São comuns acidentes em que os animais foram provocados ou tocados bruscamente momentos antes do "ataque", ou ainda quando são pisados ou retirados de redes ou anzóis.

Venenos e peçonhas fazem parte do mecanismo de defesa e comunicação de vários representantes da fauna marinha. O estudo sobre os acidentes causados por animais aquáticos no Brasil apresenta comunicações esparsas e pouco conclusivas no que diz respeito à epidemiologia, relato dos sinais, sintomas e medidas terapêuticas que devem ser empregadas. Não há estatísticas sobre a incidência dos acidentes nos Estados brasileiros, a época do ano em que ocorrem ou a notificação dos casos de morte provocada por eles.

A seguir serão apresentados os principais problemas causados por invertebrados marinhos encontrados nos costões rochosos e as medidas preventivas e de tratamento.

◈ Poríferos

Apresentam espículas calcárias ou silicosas que podem penetrar na pele, e seu epitélio externo pode secretar substâncias químicas irritantes para a pele humana.

Para evitar acidentes com as esponjas-marinhas, vivas ou mortas, recomenda-se o uso de luvas ao manusear esses animais. A roupa de neoprene dos mergulhadores protege em caso de contato brusco.

O resultado do contato direto com as espécies mais perigosas, quando suas espículas penetram na pele com a consequente inoculação da peçonha, vai desde irritação simples na pele até irritações desagradáveis ou mesmo dolorosas, com reações alérgicas e/ou inflamatórias.

O tratamento consiste em irrigar a região afetada com ácido acético a 5% (vinagre) por 10 a 15 minutos. Após essa aplicação, secar a pele e depilar o local afetado com esparadrapo ou lâmina, para remover a maior parte das espículas encravadas na pele. Lembre-se de executar esse procedimento à sombra, para não acentuar as queimaduras. Lavar a área afetada com sabão e água doce (pode-se usar água gelada para reduzir os sintomas locais) e repetir o tratamento com vinagre por 5 minutos.

✹ Cnidários

Alguns cnidócitos apresentam um líquido peçonhento (hipnotoxina) que pode provocar grande irritação e intensa sensação de queimadura, além de ser um potente agente paralisante do sistema nervoso. O cnidócito do tipo penetrante tem um longo tubo filiforme enrolado e, quando descarregado, o tubo explode para fora e perfura a pele, inoculando a peçonha. Já o cnidócito do tipo envolvente contém um fio curto e espesso enrolado. Na descarga, ele se enrola fortemente em torno dos pelos da pele. Quando a pessoa coça a pele após ação do tipo penetrante, estoura uma pequena bolsa que este carrega e inocula ainda mais a peçonha em si mesmo, e o sistema de descarga é ativado por meio de reações involuntárias (estímulos químicos e físicos). É o processo biocinético mais rápido encontrado na natureza, com velocidade de disparo de 0,1 milissegundo, e tão potente que pode atravessar vasos (equivale a um tiro a queima-roupa). Essas células permanecem potencialmente ativas mesmo quando desprendidas do animal, o que ocorre comumente em consequência de mares revoltos, ventania e tempestades no mar, e também após aproximadamente três dias da morte do animal.

Alguns hidroides podem provocar sensações urticantes, mas na maioria das vezes os danos de um contato são praticamente imperceptíveis. Já os falsos corais urticantes, que são encontrados nos recifes tropicais a até 30 m de profundidade, possuem tentáculos capazes de infligir lesões urticantes que variam de intensidade de acordo com a espécie envolvida. Algumas espécies existentes em nossa costa e na costa da Flórida, nos Estados Unidos, conhecidas como coral-de-fogo, possuem poderosos cnidócitos, capazes de provocar lesões muito dolorosas.

A caravela é uma das mais temidas criaturas que se pode encontrar flutuando na superfície dos mares quentes. Seus tentáculos, que podem conter até 80 mil cnidócitos a cada metro, são capazes de provocar acidentes com sérias lesões, grande irritação e intensa dor, podendo até ser fatais.

As águas-vivas possuem boca circundada por tentáculos orais que contêm muitos cnidócitos, e todas elas são capazes de infligir algum dano, porém apenas algumas espécies são realmente perigosas e podem provocar lesões muito dolorosas e sérias. Elas são invariavelmente confundidas com a carambola, animal do filo ctenófora, que não apresenta tentáculos urticantes e não causa lesão ao homem. As águas-vivas mais perigosas podem causar desde lesões moderadas (dor pulsátil ou latejante, porém com raros casos de inconsciência) até lesões severas (dor intensa que pode levar à perda da consciência e ao afogamento).

Acidentes com anêmonas-do-mar não são muito comuns – por estas viverem fixas sobre o substrato e por possuírem tentáculos pequenos –, e não produzem consequências mais graves do que leves a moderadas irritações. As áreas atingidas normalmente são mãos, pernas e pés, e as reações são quase imperceptíveis, porém, o contato com partes mais sensíveis, como face, lábios e região inferior dos braços, pode produzir reações mais severas.

Os acidentes com corais resultam do contato brusco com a sua região calcificada, provocando escoriações ou lesões que, embora superficiais, na maioria das vezes podem ser urticantes, dolorosas, de lenta cicatrização e potencialmente infectadas.

A prevenção de acidentes com cnidários inclui evitar aproximar-se deles, assim como da água que percorre o corpo do animal, que pode liberar cnidócitos. Roupas de neoprene, apropriadas para a prática de mergulho, são úteis para evitar a introdução da peçonha. Após tempestade, um nadador pode sofrer sérias lesões ao entrar em contato com tentáculos que ficam boiando na água, separados do corpo do animal. Cobrir o corpo com óleo mineral, ou similar, pode ajudar a evitar que os tentáculos grudem na pele. Ao remover os tentáculos de uma vítima, nunca se deve usar as mãos desprotegidas. Cnidócitos ainda carregados podem inocular a peçonha nas mãos do socorrista.

Os sintomas produzidos pelos acidentes com os cnidários variam de acordo com a espécie envolvida, o local atingido e o peso, a sensibilidade e o estado de saúde da vítima. Os sintomas mais frequentes variam de uma leve irritação a uma queimadura com dor pulsátil ou latejante que pode deixar a vítima inconsciente. Em alguns casos, a dor é restrita à área do contato, porém, em outros, pode irradiar-se para a virilha, o abdôme ou a axila. A área que entra em contato com os tentáculos geralmente se torna avermelhada, podendo ser seguida de grave erupção inflamatória, edema e pequenas hemorragias na pele. Nos casos mais graves pode ocorrer choque, cãibras, rigidez abdominal, diminuição da sensação de temperatura e toque, náusea, vômito, dor lombar severa, perda da fala, aumento da secreção da saliva, sensação de constrição na garganta, dificuldade respiratória, paralisia, delírio, convulsão e até morte.

A rotina do tratamento de vítimas de acidentes com cnidários deve seguir os seguintes passos: a primeira medida é remover suavemente, usando luvas e o auxílio de uma pinça, os restos maiores dos tentáculos aderidos. Para retirar os fragmentos menores e não visíveis a olho nu deve-se utilizar uma fita adesiva, lembrando-se de não esfregar a região.

O segundo passo é lavar abundantemente a região atingida com a própria água do mar em jato, para remover ao máximo os tentáculos aderidos à pele. Não se deve utilizar água doce, pois ela poderá deflagrar quimicamente (por osmose) os cnidócitos que ainda não descarregaram sua peçonha.

Não se deve tentar, de modo algum, remover os tentáculos aderidos com técnicas abrasivas, como esfregar toalha, areia ou algas na região atingida.

Para prevenir novas inoculações, deve-se banhar a região com ácido acético a 5% (vinagre) por cerca de 10 minutos. É importante lembrar que o vinagre não possui nenhuma ação benéfica sobre a dor já instalada pela inoculação inicial. Lembre-se de executar esse procedimento à sombra, para evitar queimaduras com o sol. Em seguida, deve-se lavar mais uma vez o local com água do mar e dar novos banhos de vinagre por 30 minutos.

Para remover os cnidócitos remanescentes pode-se aplicar no local uma pasta de bicarbonato de sódio, talco simples e água do mar. Espere a pasta secar e retire-a com o bordo de uma faca. Caso a dor continue, deve-se fazer compressas geladas no local.

◉ Moluscos (*Conus* e polvos)

O corpo do *Conus* fica contido e enrolado dentro de uma concha em espiral e apresenta duas estruturas características projetadas para fora da concha pelo lado mais fino desta: um tubo com formato de sifão e uma pequena tromba. Esta última carrega um peçonhento dente radular, ou dardo, que é lançado e imobiliza pequenos peixes e outras presas menores. Momentos antes de lançá-lo, a peçonha é impulsionada para dentro do dardo. Este é, então, liberado na faringe e levado para a tromba para ser impelido em sua vítima. Quando importunado, o animal normalmente se retrai para dentro de sua concha. O perigo surge quando ele estende sua pequena tromba e inocula a peçonha neurotóxica por meio do dardo.

Deve-se ter muito cuidado ao manusear espécies de *Conus*, segurando-os sempre pela região mais larga da concha e evitando o contato com suas partes moles. O uso de luvas grossas previne as possíveis picadas.

A picada do *Conus* pode produzir sinais e sintomas variados, de acordo com a espécie inoculadora. Geralmente, há um prurido local que pode evoluir para tremores, dispneia e distúrbios sensoriais na motricidade e sensibilidade. A maioria das espécies é capaz de provocar ferimentos bastante dolorosos, no entanto, apenas algumas espécies que habitam os oceanos Índico e Pacífico são responsáveis por casos fatais.

Não existe um antídoto para a peçonha inoculada por *Conus*, sendo que a base do tratamento visa evitar ao máximo que a peçonha atinja a corrente sanguínea da vitima. Coloca-se um chumaço de gaze ou tecido diretamente sobre o local da inoculação, prendendo-o de maneira firme e com certa pressão com uma bandagem enrolada em volta da região afetada. É recomendado tomar bastante líquido, pois a conotoxina é hidrossolúvel e pode ser eliminada pela urina.

Com relação aos polvos, o acidente mais comum é o enlaçamento dos seus tentáculos nos braços de mergulhadores. Deve-se, nesses casos, manter a calma e apertar a cabeça do polvo, o que interrompe sua respiração e faz que ele abandone sua "equivocada presa". A mordida de um polvo, não muito comum, apresenta consequências bastante variáveis. Sua boca, provida de poderosas mandíbulas com rádulas em forma de "bico de papagaio", é capaz de morder com grande força. Ao morder, algumas espécies impregnam a vítima com sua saliva abundante, que pode atuar como peçonha. Outras descarregam pelas glândulas salivares uma verdadeira peçonha com poder paralisante.

As tocas e rochas habitadas por polvos devem ser evitadas por mergulhadores inexperientes. Geralmente, os polvos deixam vestígios de conchas partidas na entrada de sua toca. Usar roupa de mergulho pode evitar a aderência na pele produzida pelas ventosas de seus tentáculos, e independentemente de seu tamanho, os polvos devem ser manuseados sempre com cuidado e luvas grossas. As espécies menores costumam ser mais agressivas e mordem com mais frequência.

A mordida de um polvo apresenta-se normalmente como um ferimento puntiforme e pode ocasionar desde uma simples infecção até a morte (apenas duas espécies do Indo-Pacífico são potencialmente mortais). Em alguns casos, ocorre a sensação inicial de queimação ou latejamento, com um desconforto localizado que depois pode irradiar-se para todo o membro. O sangramento é, em geral, desproporcional ao tamanho da lesão. Pode, ainda, ocorrer edema, calor e hiperemia na área da lesão, porém a recuperação é quase sempre rotineira.

O quadro clínico é neurológico, com adormecimento, queimação e coceira nos lábios, dores nas articulações, dificuldade de engolir e fraqueza muscular, inclusive da respiração, podendo evoluir para óbito.

O tratamento consiste em medidas para diminuir a disseminação da peçonha, e pode-se utilizar a técnica de imobilização, comprimindo a área atingida com compressas, apesar de não haver até o momento provas conclusivas suficientes da eficácia desse procedimento em casos de mordidas de polvo. A remoção da peçonha por sucção, incisão ou aspiração deve ser evitada, pois essas medidas são discutíveis. Poderá haver comprometimento respiratório e, nesse caso, o paciente deverá ser colocado em repouso e tranquilizado. Havendo desenvolvimento de paralisia respiratória, a respiração boca a boca e a massagem cardíaca externa podem ser empregadas.

⊛ Poliquetas

As cerdas de algumas espécies, que podem ser longas e apresentar cores irradiantes, provocam reações urticantes ao penetrar na pele humana.

É necessária atenção ao mexer ou revolver a areia ou as pedras do fundo, e muito cuidado ao se manusear um poliqueta. Luvas grossas devem ser usadas nessas tarefas, pois evitam mordidas e a penetração das cerdas.

A penetração das cerdas de algumas espécies pode produzir inflamação, intenso prurido, edema, infecção e perda da sensibilidade por alguns dias. Acredita-se que essas reações possam estar relacionadas à urina desses animais. A pequena ferida provocada pela mordida pode tornar-se quente e edemaciada, permanecendo assim por um ou dois dias. O edema pode evoluir para perda de sensibilidade e coceira.

O tratamento da mordida é sintomático, e deve-se seguir as seguintes indicações: as cerdas grandes e visíveis devem ser removidas com pinça; para retirar as menores é melhor aplicar fitas adesivas na pele. Depois, deve-se lavar a região com água fria e aplicar ácido acético a 5% (vinagre) ou amônia diluída para diminuir a dor e a irritação. Lembre-se de executar esse procedimento à sombra, para evitar queimaduras solares.

◈ Equinodermos

Um espinho comum de ouriço, formado por um único cristal de calcita, é afilado, oco, quebradiço e não apresenta nenhuma glândula produtora de peçonha, mas pode possuir uma capa mucosa protetora contendo uma substância irritante. O contato brusco é acompanhado normalmente pela penetração do espinho na pele, produzindo desde uma ferida semelhante à ocasionada por uma "farpa" até uma lesão dolorosa e grave. As pedicelárias, pequenos tentáculos localizados entre os espinhos, são órgãos de defesa que apresentam três mandíbulas distais capazes de inocular peçonha.

A penetração dos espinhos é algo bastante familiar para os mergulhadores que costumam olhar as tocas ou apoiar-se nas pedras do fundo do mar. Roupas de neoprene, luvas e nadadeiras não dão proteção efetiva contra os espinhos em caso de um contato brusco. Por isso, recomenda-se evitar ao máximo tocar o fundo, não só para evitar acidentes com ouriços, mas também para preservar a biota marinha. Ao penetrar na pele, frequentemente o espinho se quebra dentro da ferida, podendo provocar dor, edema e infecção. Os fragmentos que permanecem na ferida podem ser absorvidos pelo organismo ou expelidos posteriormente. As espículas podem servir de porta de entrada para infecções secundárias, inclusive a infecção tetânica. Todos os animais peçonhentos desse filo têm toxina termolábil.

O tratamento da ferida ou lesão provocada por espinho varia de acordo com a profundidade da penetração e área do corpo envolvida. A primeira medida a ser tomada, quando a penetração é superficial, é tentar remover os espinhos, como se faz com uma farpa qualquer.

Após a total remoção do espinho, deve-se fazer uma cuidadosa limpeza da ferida, lavando-a e esfregando-a bem com sabão e água quente.

A mancha roxa ou preta que muitas vezes permanece no local após a remoção do espinho não indica necessariamente que há um pedaço dele na pele, uma vez que pigmentos do espinho podem impregnar a ferida por alguns dias, sem maiores consequências. Havendo dor (o que costuma ocorrer cerca de 30 a 60 minutos após a penetração), deve-se banhar a ferida para tentar diminuí-la, no entanto, a dor não costuma ser eliminada por completo.

glossário

Água de lastro: quando um navio está com seus porões vazios, é carregado com água para assegurar condições mínimas de estabilidade, governo e manobra, servindo como lastro. A água, captada nos portos em que o navio descarrega sua mercadoria, deve ser trocada antes de chegar ao novo porto, minimizando a possibilidade de invasão dos organismos transportados no lastro.

Alcaloide: substância com caráter básico e que contém em sua fórmula química basicamente nitrogênio, oxigênio, hidrogênio e carbono. Pode estar presente em plantas e em alguns invertebrados.

Ambulacrais: estruturas utilizadas para caminhar.

Anisogamia: um dos gametas se diferencia do outro pelo tamanho, sendo um deles maior que o outro, mas não há diferença na forma.

Antênula: pequena antena; nos crustáceos, é o primeiro par de antenas localizado na cabeça.

Antrópico: relativo à ação do homem.

Aplanósporos: esporos que não apresentam flagelos.

Autotrófico (ou autótrofo): ser vivo capaz de produzir suas próprias fontes energéticas de alimento

Bentônico: refere-se ao organismo que vive associado ao substrato marinho, fixo ou não.

Bioacumulação: quando substâncias são acumuladas em grandes concentrações nos tecidos de um determinado ser vivo.

Bipectinado: diz-se de qualquer peça anatômica que apresenta as duas margens divididas em estruturas semelhantes a dentes ou pentes.

Birreme: bifurcado.

Bissado: aquele que possui bisso, pequenos feixes de fibras secretados pelo pé dos moluscos e que os auxiliam a se fixarem ao substrato. Curiosidade: o bisso do gênero *Pinna* já foi utilizado na indústria para confecção de meias, robes e luvas.

Brotamento: tipo de reprodução assexuada no qual um aglomerado de células resultante de mitoses sucessivas, denominado broto ou gema, aparece no corpo progenitor e pode se soltar originando um novo organismo.

Cadeia trófica: o mesmo que cadeia alimentar. Sequência de seres vivos dependentes uns dos outros por meio das suas relações de alimentação. Por exemplo: algas (produtores primários, base da cadeia alimentar) servindo de alimento para peixes (herbívoros), que por sua vez alimentam peixes maiores (carnívoros).

Carcinoma: tumor maligno glandular ou epitelial que tende a invadir tecidos circundantes, originando metástases.

Carnoso: diz-se de órgão ou planta que apresenta tecido espesso, mais ou menos fibroso e suculento.

Cefalópode: classe dos moluscos à qual pertencem os polvos, as lulas e os nautilus. Cephalopoda significa "pés na cabeça".

Celoma: cavidade corporal interna presente na grande maioria das espécies animais e que assume as mais diversas funções; em muitos filos apresenta-se bastante reduzido.

Cenocitico: diversos núcleos celulares envolvidos por apenas uma membrana plasmática.

Cimento: substância que liga os grãos das rochas sedimentares, tornando-os mais coesos entre si.

Cirro pigidial: apêndice sensorial de Polychaeta, localizado no último segmento do corpo.

Citotoxidade: qualidade que caracteriza um grau de nocividade à célula.

Clivagem: é o nome que se dá ao processo específico de divisão celular equacional (= mitose) no início do desenvolvimento embrionário, pelo qual o zigoto originará o embrião multicelular.

Clivagem espiral: tipo de divisão do embrião que forma a **gástrula** e cujos planos de clivagem são oblíquos ao eixo polar, característica de um grande número de filos animais.

Clivagem holoblástica: situação na qual a divisão inicial das células do embrião é completa.

Cloroplasto: organela com mais de uma membrana e material genético próprio, capaz de realizar fotossíntese. É encontrada em todas as células vegetais.

Coacervato: acúmulo de material orgânico microscópico, formado em situações muito particulares; isola o meio externo do interno. Acredita-se ser o precursor da primeira célula.

Conquiológico: referente a características da concha.

Crostosa: que forma crosta ou camada fixada ao substrato.

Crescimento indeterminado: aumento do tamanho sem um limite fixo superior.

Crescimento teloblástico: modelo no qual os segmentos são formados na parte posterior do corpo, conforme o desenvolvimento do animal.

Cursorial: diz-se de animais que rastejam ou caminham sobre o substrato.

Dermatite: inflamação na pele.

Desenvolvimento indireto: tipo de crescimento observado nas espécies que possuem um estágio larval.

Difusão: processo físico-químico no qual as moléculas deslocam-se de acordo com um potencial de concentração.

Dioico: diz-se de animais que apresentam os sexos separados, não presentes no mesmo organismo. É o oposto de hermafrodita.

Diplêurula: larva de equinodermo, bilateralmente simétrica, considerada por alguns cientistas antepassada comum dos equinodermos e cordados.

Diplobionte: tipo de ciclo de vida que apresenta duas fases de vida livre, uma haploide (n) e outra diploide (2n). Também chamado de alternância de gerações. Nesse ciclo a meiose (R!) ocorre na formação de esporos.

Diplobionte heteromórfico: neste ciclo, as fases haploide e diploide são morfologicamente diferentes.

Diplobionte isomórfico: neste ciclo, as fases haploide e diploide são semelhantes morfologicamente.

Diploide: adjetivo relativo às células – significa que cada célula dessa categoria apresenta cromossomos semelhantes que se organizam em pares. A denominação para esse tipo de célula é 2n, em que cada n é proveniente de um gameta. A célula diploide contém o número exato de cromossomos da espécie.

(Plano) dorsoventral: aquele que tem duas superfícies, a dorsal e a ventral.

Eczema: estado permanente de inflamação na pele, que começa com vermelhidão e inchaço. Como consequência, ocorre acúmulo de líquidos em pequenas vesículas, causando irritação e coceiras. As vesículas deixam escorrer um líquido seroso, que se concretiza sob a forma de crosta, cai e é produzida sem cessar. Quando o eczema desaparece, a pele se torna escamosa ou grossa.

Endofítico: situado ou que ocorre dentro de tecidos de plantas.

Endolítico: que vive dentro de rochas ou outras substâncias pétreas.

Endossimbiose: teoria que explica a relação entre as células eucariontes e algumas organelas (como a mitocôndria e o cloroplasto). Segundo essa teoria, todas as células se beneficiariam: as eucariontes obteriam mais energia, ao passo que as mitocôndrias e cloroplastos (originalmente células menores e procariontes engolfadas pelas eucariontes e não digeridas por estes) encontrariam abrigo.

Escleractínios: também chamados corais pétreos ou verdadeiros, diferem das anêmonas-do-mar por produzirem um exoesqueleto de carbonato de cálcio. Scleractinia constitui o maior táxon dentre os antozoários, com aproximadamente 3.600 espécies.

Esporófito: indivíduo, ou fase diploide, que produz esporos nas plantas que apresentam alternância de gerações

Esporos: células especializadas que, ao serem liberadas do indivíduo, apresentam capacidade de se desenvolver diretamente em um novo indivíduo.

Esquizocelia: processo no qual a formação do celoma acontece por meio da abertura de uma fenda na mesoderme embrionária.

Estereômico: que apresenta treliça tridimensional que fornece a estrutura dos ossículos dos equinodermes.

Eucarionte (ou eucarioto): diz-se de uma célula (ou de um ser vivo portador dessa célula) que possui núcleo, organelas membranosas, DNA linear e tamanho geralmente superior a 10 μm (0,01 mm).

Evaginação: estrutura tubular ou em forma de bolsa que se origina a partir de outra pré-existente.

Exalante: que emite ou lança fora de si.

Fagocitose: processo de ingestão de partículas sólidas por uma célula.

Fermentação: reação metabólica que degrada moléculas de glicose parcialmente, resultando em ácido láctico, acético ou etanol, pouco gás carbônico e pouca energia.

Flagelado: que apresenta flagelo.

Flagelo: filamento móvel que serve de órgão locomotor.

Foliáceo: diz-se de qualquer órgão ou estrutura vegetal que é laminar.

Fossorial: animal que se enterra totalmente abaixo do solo ou do substrato.

Fotossíntese: reação metabólica que produz moléculas de glicose e gás oxigênio por meio de energia luminosa, usando gás carbônico e água.

Gametas: células sexuais especializadas que se fundem em um processo chamado fertilização para originar um novo organismo, inicialmente chamado zigoto.

Gametófito: indivíduo, ou fase haploide, que produz gametas nas plantas que apresentam alternância de gerações.

Gânglio podal: situado na região ventral do corpo dos Polychaeta, ao longo dos nervos que se dirigem do cordão nervoso ventral em direção aos parapódios.

Gástrula: é a terceira fase do desenvolvimento embrionário. Nela, o embrião (blástula) é uma esfera cheia de líquido.

Glicogênio: polissacarídeo $(C_6H_{10}O_5)n$ formado a partir de moléculas de glicose e utilizado como reserva energética e abundante nas células hepáticas e musculares.

Haplobionte: quando ocorre apenas uma fase de vida livre no ciclo de vida do organismo.

Haplobionte diplonte: tipo de ciclo de vida que se caracteriza pela occorência de apenas uma fase de vida livre diploide (2n). Neste ciclo a meiose (R!) ocorre na formação de gametas.

Haplobionte haplonte: tipo de ciclo de vida que se caracteriza pela ocorrência de apenas uma fase de vida livre haploide (n). Neste ciclo de vida a meiose (R!) ocorre no zigoto.

Haploide: adjetivo relativo às células; significa que cada célula dessa categoria contém metade do número de cromossomos característicos da espécie.São também denominadas células n.

Hemiparasita: parasita não completamente dependente do seu hospedeiro; em alguns casos pode viver sem ele. Em botânica, refere-se a uma planta que usa os recursos do seu hospedeiro, mas como possui clorofila, realiza fotossíntese e produz os seus próprios compostos orgânicos.

Hermafrodita: do deus grego Hermafrodito, filho de Hermes e de Afrodite. Ser que possui órgão sexual dos dois sexos.

Heterotrófico (ou heterótrofo): diz-se de um ser vivo incapaz de produzir suas próprias fontes energéticas de alimento, precisando alimentar-se de outro ser vivo.

Hidrodinamismo: movimentação da água do mar.

Holística: abordagem, no campo das ciências humanas e naturais, que prioriza o entendimento integral dos fenômenos, em oposição ao procedimento analítico, em que seus componentes são tomados isoladamente.

Inalante: que inala/aspira.

Indireto: ver desenvolvimento indireto.

Infralitoral: região do litoral que fica sempre submersa, mesmo nas marés mais baixas. Estende-se desde o limite inferior do mediolitoral até a profundidade, onde ocorre o desaparecimento das algas em virtude da falta de luz para a realização de fotossíntese.

Intersticiais: diz-se de organismos que vivem entre os grãos de areia.

Invaginação: penetração de parte de um órgão nele mesmo ou em outro órgão.

Irradiância: densidade de energia solar incidente, por unidade de tempo, em uma determinada superfície. É medida, geralmente, em watt por metro quadrado (W/m^2); densidade de fluxo radiante.

Isogamia: quando ambos os gametas são morfologicamente idênticos.

Loca: local sob uma laje que serve de toca.

Maceração: amolecer uma substância sólida com pancadas.

Manto: modificação da parede dorsal do corpo dos moluscos. Participa da formação da concha e da respiração.

Massa visceral: uma das três partes primárias do corpo dos moluscos (as outras são pé e cabeça); porta os órgãos internos do animal.

Maxila: um dos apêndices pares localizados imediatamente atrás da mandíbula dos artrópodes.

Maxilípede: apêndice torácico de muitos crustáceos. Localizado em torno da boca, é utilizado na captura e manipulação dos alimentos.

Mediolitoral: também denominado região entremarés, está sujeito às variações diárias das marés, ficando submerso durante as marés altas e emerso durante as marés baixas. Em geral, o seu limite superior é definido pela presença de cracas, e inferior pela presença de mexilhões e algumas algas, como *Sargassum*.

Meiose: nome dado ao processo de divisão celular em que uma célula tem seu número de cromossomos reduzido pela metade. Por esse processo são formados gametas e esporos.

Mergulho autônomo: aquele em que, além do equipamento básico, é utilizado suprimento de ar (cilindro), que permite ao mergulhador permanecer submerso e independente por determinado período de tempo.

Mergulho livre: aquele sem equipamento de suprimento de ar (cilindro). Para a realização desse tipo de mergulho são necessários apenas máscara, nadadeiras e snorkel.

Mitocôndria: organela com mais de uma membrana e material genético próprio, capaz de realizar respiração. É encontrada em todas as células eucariontes.

Monofilético: diz-se de um grupo que reúne todos os descendentes de um ancestral único e exclusivo, este incluso. A Sistemática Filogenética baseia-se no reconhecimento de grupos monofiléticos (ou grupos naturais).

Nacarada: que possui aspecto de nácar, substância perlífera ou iridescente encontrada no interior de algumas conchas.

Nicho: conceito ecológico relacionado aos recursos bióticos e abióticos que influenciam e caracterizam uma espécie.

Octocoral: cnidário pertencente à subclasse Octocorallia, da classe Anthozoa. Os octocorais retiveram um arranjo de oito septos completos e oito tentáculos, que podem ser uma condição antozoária primitiva. A organização colonial é característica de quase todos os octocorais; os pólipos interconectam-se por meio de uma massa complexa de mesogleia e de tubos gastrodérmicos.

Oligotróficas: refere-se à pequena quantidade de nutrientes disponíveis.

Omatideos: unidades formadoras dos olhos compostos.

Oogamia: os gametas diferem na forma, sendo que um é muito pequeno em relação ao outro, este último sempre imóvel.

Órgão nucal: órgão sensorial localizado no prostômio dos Polychaeta, geralmente em forma de goteira ou prega ciliada.

Oviparos: animais cujo embrião se desenvolve dentro de um ovo, sem ligação com o corpo da mãe. A maioria dos peixes, répteis e invertebrados, e todas as aves são ovíparos.

Parênquima: tecido vegetal fundamental que constitui a maior parte da massa dos vegetais, formado por células poliédricas, quase isodiamétricas e com paredes não lignificadas, a partir das quais os outros tecidos se desenvolvem.

Parietal: quando empregada como uso de descrição anatômica, essa palavra refere-se à parede dos órgãos. Vem do latim *parietale*, que significa "relativo à parede".

Pelágica: diz-se de organismos que vivem na coluna de água dos oceanos e lagos.

Pentâmera: diz-se dos seres ou órgãos cuja simetria é dividida em cinco partes.

Pereópodos: os apêndices torácicos dos crustáceos. Em algumas espécies são utilizados para a locomoção.

Pínulas: pequenos órgãos afilados, organizados em fileiras, formando estruturas semelhantes a plumas nos equinodermes da classe dos crinóides. São utilizados principalmente na captura do alimento.

Pirenoide: massa proteica incolor, que se observa na matriz dos plastos de algas dos mais variados grupos.

Planctônicos: refere-se ao conjunto dos organismos que têm pouco poder de locomoção e vivem livremente na coluna de água (pelágicos), sendo muitas vezes arrastados pelas correntes oceânicas. O plâncton encontra-se na base da cadeia alimentar dos ecossistemas aquáticos, uma vez que serve de alimento a organismos maiores.

Plasto: grupo de organelas encontradas nas células de plantas e algas.

Plataforma continental: em oceanografia, geomorfologia e geologia, chama-se plataforma continental a porção dos fundos marinhos que começa na linha da costa e desce com um declive suave até o talude continental (onde o declive é muito mais pronunciado). Em média, a plataforma continental desce até uma profundidade de 200 m, atingindo as bacias oceânicas.

Pleópodos: os apêndices abdominais dos crustáceos, adaptados para nadar e, em algumas espécies, para que as fêmeas carreguem os ovos.

Pneumatóforo: indivíduo da colônia de cnidários que apresenta função respiratória.

Polissacarídeo: composto orgânico constituído de C, H e O; macromolécula formada por cadeia linear ou ramificada de monossacarídeos ligados por covalência.

Procarionte (ou procarioto): diz-se de uma célula que não possui núcleo. Ela tem como única organela ribossomos, possui DNA circular e tamanho geralmente inferior a 5 μm (0,005 mm).

Propágulo: conjunto de células que se desprendem de um organismo adulto e originam um novo indivíduo, geneticamente idêntico ao organismo de origem (clone).

Proto-: prefixo que designa algo que veio primeiro, ou em primeiro lugar, ou que veio antes. "O primeiro", "o pioneiro", "o ancestral".

Proximal: é aplicada na descrição anatômica para indicar que a parte referida se situa mais próxima de um centro ou linha mediana. É o oposto de distal.

Punhado: que cabe em uma mão.

Quadratura: Posição de dois astros em relação à Terra quando suas direções formam um ângulo reto.

Quelipede: o par de apêndices que possui quelas, ou pinças, nos crustáceos decápodes.

Quimiossintese: conjunto de reações metabólicas que produzem moléculas orgânicas por meio de energia química obtida da oxidação de compostos inorgânicos.

Radiação: a energia emitida; emissão de energia por meio de ondas ou partículas.

Radiação adaptativa: fenômeno pelo qual novas espécies se formam a partir de uma espécie ancestral, por meio de processos evolutivos.

Radiação fotossinteticamente ativa: também chamada PAR (do inglês Photosynthetically Active Radiation). Faixa do espectro eletromagnético, entre 400 e 700 nm, que é utilizada pelos vegetais como fonte de energia para as atividades metabólicas.

Respiração: reação metabólica que produz energia, gás carbônico e água a partir da oxidação de moléculas de glicose pelo gás oxigênio.

Rocha ignea: também chamada rocha magmática ou rocha eruptiva, é um tipo de rocha que resultou da consolidação em virtude do resfriamento de magma derretido ou parcialmente derretido.

Rocha metamórfica: é formada por transformações físicas e químicas sofridas por outras rochas (magmáticas, sedimentares ou mesmo metamórficas), quando submetidas ao calor e à pressão do interior da Terra, em um processo denominado metamorfismo.

Rocha sedimentar: é composta por sedimentos carregados pela água e pelo vento, acumulados em áreas deprimidas e cimentados por alterações promovidas por altas pressões e temperaturas; pode ser formada pela deposição (sedimentação) das partículas originadas pela erosão de outras rochas (conhecidas como rochas sedimentares clásticas), pela deposição dos materiais de origem biogênica e pela precipitação de substâncias em solução.

Rodolito: (do grego *rhódon* = vermelho + *litho*s = pedra). Mineral róseo formado por silicato de manganês, pode ser produzido por algas coralináceas.

Saprófitas: em botânica, o termo refere-se às plantas sem capacidade fotossintética e que se alimentam absorvendo substâncias orgânicas normalmente provenientes de matéria orgânica em decomposição.

Séssil: imóvel ou fixo.

Sinapomorfia: novidade evolutiva compartilhada por um grupo de organismos que apresentam um ancestral comum único e exclusivo.

Sistema hemal: o mesmo que sistema sanguíneo.

Sistema sanguíneo aberto: esse tipo de sistema circulatório não apresenta capilares nem veias. Um ou mais corações bombeiam o sangue por um vaso dorsal (hemolinfa é um nome mais apropriado para esse caso, pelo fato de não haver pigmento). O sangue dirige-se a cavidades chamadas seios ou lacunas na massa visceral ou manto, e volta quando o coração relaxa, através de orifícios chamados ostíolos.

Sistema sanguíneo fechado: sistema no qual o sangue está totalmente contido dentro de vasos, sem abertura ou espaço externo intracorpóreo.

Sizigia: do grego *suzugía*, que significa "alinhamento".

Suspensívoro: diz-se dos organismos que obtêm seus nutrientes a partir da remoção de partículas em suspensão na coluna d'água.

Tecido conjuntivo: tecido de origem mesodérmica, constituído por colágeno, fibroblastos e células adiposas, cuja função é dar suporte aos órgãos internos, preencher os espaços entre eles e formar os tendões e ligamentos.

Telolécito: ovo com acúmulo de vitelo no polo vegetativo.

Télson: peça quitinosa do exoesqueleto dos artrópodes, particularmente visível em camarões e lagostas. Encontra-se na extremidade do último segmento do corpo.

Tetraneuro: que apresenta gânglios unidos de quatro em quatro.

Totipotência: propriedade de células não diferenciadas com grande poder de multiplicação e especialização em todos os outros tipos celulares.

Trocófora: larva que possui, em sua extremidade anterior, uma coroa de cílios que lhe confere movimento natatório rotacional, daí seu nome, que vem do grego *trokhós* = roda e *phorá* = carregar.

Tubicola: diz-se de vermes que usam como esconderijo ou moradia um tubo formado por partículas agregadas do meio ou material secretado pelo próprio organismo.

Turbidez: propriedade daquilo que é turvo ou sombrio.

Urópodos: um dos apêndices abdominais dos crustáceos, diferente na forma e maior que os demais. Localizado na região posterior do corpo, é utilizado principalmente na locomoção.

Vágil: livre para se movimentar.

Véliger: larva planctônica de vida livre característica de alguns grupos de moluscos. Possui uma concha que envolve os orgãos internos e um vélum ciliado que ultrapassa a concha, formando uma estrutura com um ou vários lobos usados tanto para nadar como para coletar alimento.

Visceral: conjunto dos órgãos do animal.

Vivíparos: animais cujo embrião se desenvolve dentro do corpo da mãe, em uma placenta que lhe fornece alimento e retira os produtos de excreção.

Zigoto: produto da fusão de dois gametas.

Zonação: característica dos ambientes de substrato consolidado de todo o mundo, em que é possível observar a disposição dos organismos bentônicos em faixas (ou zonas) horizontais bem definidas devido às adaptações deles aos fatores ecológicos ali presentes, ou seja, cada organismo é mais abundante naquela zona que apresenta as condições bióticas e abióticas para as quais é adaptado.

Zoósporos: esporos que apresentam flagelos.

leituras recomendadas

Archibald JM. *The puzzle of plastid evolution.* Current Biology. 2009;19(2): R81-8.

Barnes RSK, Calow P, Olive PJW. *Os invertebrados: uma nova síntese.* São Paulo: Atheneu; 1995.

Berchez F, Ghilardi NP, Robim M de J, Pedrini AG, Hadel VF, Fluckiger G, et al. *Projeto Trilha Subaquática*: sugestão de diretrizes para a criação de odelos de educação ambiental em unidades de conservação ligadas a ecossistemas marinhos. OLAM: Ciência & Tecnologia. 2007;7(3):181-208.

Bergeron JD, Bizjak G. *Primeiros socorros.* São Paulo: Atheneu; 1999.

Bold HC, Wynne MJ. *Introduction to the algae*: structure and reproduction. Englewood Cliffs: Prentice-Hall; 1978.

Brasil. Ministério do Meio Ambiente. *Programa Nacional de Educação Ambiental*: ProNEA. 3. ed. Brasília: MMA; 2005.

Brusca RC, Brusca GJ. *Invertebrates.* 2nd ed. Sunderland: Sinauer Associates; 2003.

Cao L, Caldeira K, Jain AK. *Effects of carbon dioxide and climate change on ocean acidification and carbonate mineral saturation.* Geophysical Research Letters. 2007;34:L05607.

Carvalho CEV, Cavalcante MPO, Gomes MP, Faria VV, Rezende CE. *Distribuição de metais pesados em mexilhões* (Perna perna, L.) da Ilha de Santana, Macaé, SE, Brasil. Ecotoxicology and Environmental Restoration. 2001;4(1):1-5.

Drake CA, McCarthy DA, Von Dohlen CD. *Molecular relationships and species divergence among Phragmatopoma spp.* (Polychaeta: Sabellaridae) in the Americas. Marine Biology. 2007;150(3):345-58.

Gevertz R, coordenadora. *Em busca do conhecimento ecológico*: uma introdução à metodologia. São Paulo: Edgard Blücher; 1983.

Ghilardi NP, Berchez, F. *Projeto Trilha Subaquática*: modelos de educação ambiental marinha. In: Pedrini A de G, organizador. Educação ambiental marinha e costeira no Brasil. Rio de Janeiro: UERJ; 2010. p. 71-92.

Gopalakrishnakone P, editor. *A colour guide to dangerous animals*. Singapore: Singapore University; 1990.

Haddad Júnior V. *Atlas de animais aquáticos perigosos do Brasil*: guia médico de diagnóstico e tratamento de acidentes. São Paulo: Roca; 2000.

Halstead BW. *Poisonous and venomous marine animals of the world*: invertebrates. Vol. 3. Washington: United States Government; 1970.

Henriques MB. *Resistência do mexilhão Perna Perna (Linnaeus, 1758) proveniente de bancos naturais da Baixada Santista, a variações de temperatura, salinidade, tempo de exposição ao ar e determinação da incidência de parasitismo* [tese]. Rio Claro: Instituto de Biociências da UNESP; 2004.

Hickman CP Jr, Roberts LS, Larson A. *Princípios integrados de zoologia*. 11. ed. Rio de Janeiro: Guanabara Koogan; 2004.

Houaiss A. *Dicionário eletrônico Houaiss da língua portuguesa*. Rio de Janeiro: Objetiva; 2006.

Jambeiro AF. *Biologia quantitativa da população de Octopus vulgaris Cuvier, 1797 no ecossistema recifal de Guarapuá, Cairu – Bahia* [monografia]. Bahia: Instituto de Biologia da Universidade Federal da Bahia; 2002.

Joly AB. *Flora marinha do litoral do Estado de São Paulo e regiões circunvizinhas*. Boletim da Faculdade de Filosofia, Ciências e Letras da Universidade de São Paulo. 1965;21:1-393.

Maia CB, Almeida ACM, Moreira FR. *Avaliação do teor de chumbo em mexilhões da espécie Perna perna na região metropolitana da cidade do Rio de Janeiro*. Journal of the Brazilian Society of Ecotoxicology. 2006;1(2):195-8.

Marenzi AWC, Branco JO. *O mexilhão Perna perna (Linnaeus) (Bivalvia, Mytilidae) em cultivo na Armação do Itapocoroy*, Santa Catarina, Brasil. Revista Brasileira de Zoologia. 2005;22(2):394-9.

Mayal EM. *Cnidários e meio ambiente*. Boletim da Associação Brasileira de Biologia Marinha [Internet]. 2009 [capturado em 17 out. 2011];2(3):4-6. Disponível em: http://www.uff.br/abbm/BoletimABBMv2n3-2009.pdf.

Nalesso RC. *Influência da salinidade e exposição ao ar na distribuição dos mexilhões Brachidontes darwinianus e B. solisianus em dois estuarios do litorial do estado de São Paulo* [dissertação]. Campinas: Instituto de Biologia da UNICAMP; 1988.

Neves RF, Amaral FD, Steiner AQ. *Levantamento de registros dos acidentes com cnidários em algumas praias do litoral de Pernambuco (Brasil)*. Ciência & Saúde Coletiva. 2007;12(1):231-7.

Oliveira EC. *Introdução à biologia vegetal*. 2. ed. São Paulo: EdUSP; 2003.

Oliveira Filho EC, Berchez FAS. *Algas bentônicas da Baia de Santos: alterações da flora no periodo de 1957-1978*. Boletim de Botânica da Universidade de São Paulo, 1978;6:49-59.

Oliveira MP, Oliveira MHR. *Dicionário: conquílio malacológico*. Juiz de Fora: UFJF; 1999.

Pedrini AG. *Educação ambiental marinha e costeira no Brasil: aportes para síntese*. In: Pedrini A de G, organizador. Educação ambiental marinha e costeira no Brasil, Rio de Janeiro: UERJ; 2010.P. 19-32.

Pedrini AG. *Macroalgas: uma introdução à taxonomia*. Rio de Janeiro: Technical Books; 2010.

Pedrini AG, Dutra D, Robim MJ, Martins SL. *Gestão de áreas protegidas e avaliação da educação ambiental no ecoturismo*: estudo de caso com o Projeto Trilha Subaquática – educação ambiental nos ecossistemas marinhos – no Parque Estadual da Ilha Anchieta, Ubatuba, São Paulo, Brasil. OLAM: Ciência & Tecnologia. 2008;8(2):31-55.

Pedrini AG, Messas T, Pereira ES, Ghilardi NP, Berchez FA. *Educação ambiental pelo ecoturismo numa trilha marinha no Parque Estadual da Ilha Anchieta, Ubatuba (SP)*. Revista Brasileira de Ecoturismo. 2010;3(3):428-59.

Perez LF, Brasil ACS. *Breve caracterização do gênero Phragmatopoma Morch, 1863 (Polychaeta, Sabellariidae) das regiões Sudeste e Sul do Brasil. Resumos do XXV Congresso Brasileiro de Zoologia*; 8-13 fev. 2004; Brasília, DF. Curitiba: SBZ; 2004. p. 6.

Pough FH, Heiser JB, McFarland WN. *A vida dos vertebrados*. 2. ed. São Paulo: Atheneu; 1999.

Raven PH, Evert RF, Eichhorn SE. *Biologia vegetal.* 5. ed. Rio de Janeiro: Guanabara Koogan; 1996.

Reviers B de, Franceschini IM, Baptista LR de M. *Biologia e filogenia das algas.* Porto Alegre: Artmed; 2006.

Rosa CN. *Os animais de nossas praias.* 2. ed. São Paulo: Edart; 1973.

Rosenberg SN. *Livro de primeiros socorros Johnson & Johnson.* 2. ed. Rio de Janeiro: Record; 1985.

Ruppert EE, Fox RS, Barnes RD. *Zoologia dos invertebrados: uma abordagem funcional-evolutiva.* 7. ed. São Paulo: Roca; 2005.

Ryland JS, Hayward PJ. *British anascan bryozoans*: Cheilostomata, Anasca: keys and notes for the identification of the species. Vol. 10, Synopses of the British fauna (new series). London: Academic; 1977.

Simone LRL. *Status quo da Malacologia marinha no Brasil.* Boletim da Associação Brasileira de Biologia Marinha [Internet]. 2010 [capturado em 17 out. 2011];3(1):4-7. Disponível em: http://www.uff.br/abbm/BoletimABBMv3n1-2010.pdf.

Storer TI, Usinger RL. *Zoologia geral.* 2. ed. São Paulo: Nacional; 1976.

Vieira LM, Migotto AE, Winston JE. Synopsis and annotated checklist of recent marine Bryozoa from Brazil. Zootaxa. 2008;1810:1-39.

índice

As páginas que apresentam um "f" após a numeração correspondem a figuras.

A
Acidentes com invertebrados marinhos, 169-175
Água de lastro, 99
Algas, 17, 58-61
    calcárias articuladas, 58-59
    calcárias crostosas, 17, 60-61
    carnosas, 17
    foliáceas, 17
    pardas *ver* Feofíceas
    verdes *ver* Clorófitas
    vermelhas *ver* Rodófitas
Ambulacral,
    pés, 135, 136, 141, 143, 145
    sulco, 141
Amphimedon viridis ver Esponja-verde
Amphiroa beauoisii J.V. Lamouroux *ver* Algas calcárias articuladas
Anêmona, 92-93
Animais-musgo *ver* Briozoários
Anisogamia, 30, 40
Antênulas, 115
Aplanósporos, 30
Ascídias *ver* Tunicados
Ascídia-negra *ver* Falusia
Ascídia-vermelha *ver* Simplegma
Asparagopsis, 66-67
Asteronema, 50-51
Atividades humanas, impactos na biodiversidade marinha, 157-160
Autotróficos, seres, 23

B
Barata-da-praia, 118-119
Baratinha-da-praia *ver* Barata-da-praia
Bentônicos, organismos, 15, 29, 53
Bioacumulação, 99
Biodiversidade marinha, impactos das atividades humanas, 157-160
    efeitos antrópicos, 157-159
    mudanças climáticas, 159-160
Bipectinadas, brânquias, 96
Birremes, antenas, 115
Bissado, 101
Bostrychia sp., 56-57
Brachidontes solisianus ver Mexilhão-miúdo ou mexilhão-dos-tolos
Briozoários, 127-133
    alimentação, 128
    Catenicela, 130-131
    Esquizoporela, 132-133
    estrutura do corpo, 127-128
    filo Ectoprocta, 127
    importância ecológica e econômica, 129
    reprodução, 129
    trocas gasosas e excreção, 128
Brotamento, 72
Bunodosoma caissarum ver Anêmona

C
Cadeia trófica, 99
Caramujo, 104-105
Caranguejo, 120-121
Caravela-portuguesa, 84-85
Carijoa, 88-89
Caulerpa uva, 36-37
Cefalópode, 107
Celoma, 109, 111
    formação esquizocélica, 111
Chaetomorpha antennina (Bory de Saint-Vincent) Kützing *ver* Quetomorfa
Chthamalus stellatus ver Craca
Cimento ferruginoso, 16
Cirros pigidiais, 110
Classe Phaeophyceae, 39
Clivagem holoblástica espiral, 97, 111
Clorófitas, 29-37
    alimentação, 30
    caulerpa uva, 36-37
    estrutura do talo, 29-30
    importância econômica, 31
    quetomorfa, 34-35

reprodução, 30
trocas gasosas e excreção, 30
ulva ou alface-do-mar, 32-33
Cloroplasto, 24
parietal, 33
Cnidários, 81-93, 170-172
acidentes com, 170-172
alimentação, 82
anêmona, 92-93
caravela-portuguesa, 84-85
carijoa, 88-89
coral-cérebro, 86-87
estrutura do corpo, 81-82
filo Cnidaria, 81
importância ecológica e econômica, 83
palitoa ou baba-de-boi, 90-91
reprodução, 82-83
trocas gasosas e excreção, 82
Coacervato, 23
Colpomênia, 46-47
Coral-cérebro, 86-87
Craca, 122-123
Crescimento indeterminado, 71
Crinoide, 138-139
Crustáceos, 115-125
alimentação, 116
barata-da-praia, 118-119
caranguejo, 120-121
craca, 122-123
estrutura do corpo, 115-116
importância ecológica e econômica, 117
Maria-farinha, 124-125
reprodução, 116
subfilo Crustacea, 115
trocas gasosas e excreção, 116
Cursoriais, espécies, 109

D

Dermatite, 75
Desenvolvimento indireto, 97, 111, 116
Dictiota, 48-49

Difusão, 30, 40, 54, 72, 82, 110, 116, 136
Dioicos, 97, 111
Diplêurula, 136
Diplobionte isomórfico, 30, 41f
Diploide, 40, 54

E

Echinaster brasiliensis ver Estrela-do-mar
Echinolittorina lineolata ver Caramujo
Echinometra lucunter ver Ouriço-do-mar
Ecossistemas de substrato consolidado, 15-22
Ectocarpus sp., ciclo de vida, 41f
Ectoproctos *ver* Briozoários
Educação ambiental, ações e projetos, 161-168
sugestões de atividades, 165-168
Efeitos antrópicos sobre o mar, 157-159
Endofíticas, 53
Endolíticas, formas, 105
Endossimbiose, 24
Equinodermos, acidentes com, 175
Escleractínios, 87
Esponja-laranja, 74-75
Esponja-roxa, 76-77
Esponja-verde, 78-79
Esponjas-do-mar *ver* Poríferos
Esporófito, 40
Esporos, 30, 40, 49, 54, 63
Estereômicos, ossículos, 136
Estrela-do-mar, 140-141
Eucariontes, 24, 26f
Evaginações, 71

F

Fagocitose, 24, 72
Falusia, 150-151
Feofíceas, 39-51
alimentação, 40
Asteronema, 50-51
classe Phaeophyceae, 39
Colpomênia, 46-47
Dictiota, 48-49

estrutura do talo, 39
filo Ochrophyta, 39
importância econômica, 40-41
Padina, 44-45
reprodução, 40
Sargaço, 42-43
trocas gasosas e excreção, 40
Fermentação, 23
Filo
Chordata, 147
Ectoprocta, 127
Mollusca, 95
Ochrophyta, 39
Polychaeta, 109
Porifera, 71
Flageladas, células, 71
Flagelos, 33, 54
Fossoriais, espécies, 109
Fotossíntese, 23
Fragmatopoma, 112-113

G
Gametas, 35, 40, 54, 72, 83, 97, 111, 116, 123, 136
Gametófitos, 40
Glicogênio, 54
Gracilaria (Rhodophyta), ciclo de vida trifásico, 55f
Grupos animais, 69-153

H
Haplobionte haplonte, 30
no gênero Monostroma, 31f
Haploides, 40, 54
Hemiparasitas, 53
Hermafroditas, 72
Hidrodinamismo, 16, 17, 21, 61, 75, 77, 79, 143, 160

I
Invaginações, 71, 82
Invertebrados marinhos, acidentes com, 169-175

cnidários, 170-172
equinodermos, 175
moluscos, 172-174
poliquetas, 174-175
poríferos, 169-170
Irradiância, 21, 75, 77
Isogamia, 30, 40
Isognomom, 100-101
Isostichopus badionotus ver Pepino-do-mar

J
Jania adhaerens J.V. Lamouroux *ver* Algas calcárias articuladas

L
Lambe-pau ver Caramujo
Lírio-do-mar ver Crinoide
Locas, 16, 57
Ligia oceânica ver Barata-da-praia
Littoraria flava ver Caramujo

M
Maceração, 72
Macroalgas, 27-67
Manto, 96, 97
Maria-farinha, 124-125
Massa visceral, 95, 96
Maxilas, 115, 116
Maxilípedes, 115, 116
Meiose, 24, 54
Mexilhão, 98-99
Mexilhão-miúdo ou mexilhão-dos-tolos, 102-103
Mitocôndria, 24
Moluscos, 95-107, 172-174
acidentes com, 172-174
alimentação, 96
estrutura do corpo, 95-96
filo Mollusca, 95
importância ecológica e econômica, 97
reprodução, 97
trocas gasosas e excreção, 96

Monofilético, grupo, 110
Mudanças climáticas, efeito sobre as comunidades marinhas, 159-160
Mussismilia hispida ver Coral-cérebro
Mycale angulosa ver Esponja-roxa

N

Neogoniolithon sp. ver Algas calcárias crostosas
Nichos ecológicos, 23
Nori, 62-63

O

Ochrophyta, filo, 39
Octopus vulgaris ver Polvo
Ocypode quadrata ver Maria-farinha
Oligotróficas, águas, 83
Omatídeos, 115
Oogamia, 30, 40
Órgãos nucais, 110
Origem da vida, 23-26
Ouriço-do-mar, 142-143

P

Pachygrapsus transversus ver Caranguejo
Padina, 44-45
Palitoa ou baba-de-boi, 90-91
Parenquinatosa, forma, 53
Parietais, plastídios, 53
Pelágicas, espécies, 109, 135
Pentâmera, simetria radial, 135
Pepino-do-mar, 144-145
Pereópodos, 115
Perna perna ver Mexilhão
Pés ambulacrais, 135, 136, 141, 143, 145
Phaeophyceae, classe, 39
Phallusia nigra ver Falusia
Phragmatopoma sp. ver Fragmatopoma
Physalia physalis ver Caravela-portuguesa
Pinulas, 139
Porphyra sp. ver Nori
Pirenoides, 30, 33, 35, 39, 53
Planctônicas, algas, 29, 53

Plataforma continental, 15, 18
Pleópodos, 115
Podais, gânglios, 110
Poliquetas, 109-113, 174-175
    acidentes com, 174-175
    alimentação, 110
    classe Polychaeta, 109
    estrutura do corpo, 109-110
    Fragmatopoma, 112-113
    importância ecológica e econômica, 111
    reprodução, 111
    trocas gasosas e excreção, 110-111
Polissacarídeos, 41, 54
Polvo, 106-107
Poríferos, 71-79, 169-170
    acidentes com, 169-170
    alimentação e excreção, 72
    complexidade estrutural, 73f
    esponja-laranja, 74-75
    esponja-roxa, 76-77
    esponja-verde, 78-79
    estrutura do corpo, 71-72
    filo Porifera, 71
    importância econômica, 73
    reprodução, 72
    trocas gasosas e circulação, 72
Procariontes, 24
Propágulos, 72
Pterocladiela, 64-65

Q

Quadratura, marés de, 20
Quelípedes, 115, 116
Quetomorfa, 34-35
Quimiossíntese, 23

R

Radiação, 17, 21, 105
    adaptativa, 105
    fotossinteticamente ativa, 17
    solar, 21
Representação das marés, 19f

Respiração, 23
Rochas, 15, 16
    ígneas, 15
    metamórficas, 15
    sedimentares, 16
Rodófitas, 53-67
    algas calcárias articuladas, 58-59
    algas calcárias crostosas, 60-61
    alimentação, 54
    Asparagopsis, 66-67
    Bostrychia sp., 56-57
    estrutura do talo, 53-54
    filo Rhodophyta, 53
    importância econômica, 55
    Nori, 62-63
    Pterocladiela, 64-65
    reprodução, 54
    trocas gasosas e excreção, 54
Rodolitos, 17

S
Saprófitas, 29
Sargaço, 42-43
Seres autotróficos, 23
Sésseis, organismos, 15, 21
Simplegma, 152-153
Sinapomorfias, 39, 72, 82, 110, 136
Sistema hemal, 111
Sistema sanguíneo aberto, 96
Sizígia, marés de, 19
Subfilo Crustacea, 115
Subfilo Urochordata ou Tunicata, 147
Substrato consolidado, ecossistemas de, 15-22
Sulco ambulacral, 141
Suspensívoros, 110

T
Tecido conjuntivo, 135, 143
Tedania ignis ver Esponja-laranja
Teloblástico, crescimento, 111
Telolécitos, 111
Télson, 115

Tetraneuro, sistema nervoso, 96
Totipotentes, células, 71
Trocófora, 97, 111
Tropiometra carinata ver Crinoide
Tubícolas, espécies, 109, 110
Tunicados, 147-153
    alimentação, 148-149
    estrutura do corpo, 147-148
    falusia ou ascídia-negra, 150-151
    filo Chordata, 147
    importância ecológica e econômica, 149
    reprodução, 149
    simplegma ou ascídia-vermelha, 152-153
    subfilo Urochordata ou Tunicata, 147
    trocas gasosas e excreção, 149
Turbidez, 79

U
Ulva ou alface-do-mar, 32-33
Urópodos, 115

V
Vágeis, organismos, 15
Véliger, 97
Vermes-de-areia *ver* Poliquetas
Vermes-de-escamas *ver* Poliquetas
Vermes-gato *ver* Poliquetas
Vermes tubícolas *ver* Poliquetas

Z
Zigoto, 40, 54, 97, 111, 149
Zoósporos, 30, 33, 35